ENGLISH GARDENS IN MY EYES

我眼中的英国花园

虞金龙 著

中国林业出版社
CFPH China Forestry Publishing House

ENGLISH GARDENS IN MY EYES I

我眼中的英国花园：上

ENGLISH GARDENS

IN MY EYES

ENGLISH GARDENS

IN MY EYES

虞金龙

上海北斗星景观设计院院长，首席设计师
教授级高级工程师
上海市绿化行业领军人才
上海市园林绿化标准委员会绿化设计专业组副组长
上海市住建委专家库专家评委
浙江大学客座教授
上海师范大学兼职教授

具有38年的风景园林规划设计和造园经验，作为行业内的知名风景园林师，他始终关注风景园林的前沿核心理论与风景园林学科发展，致力于一线的风景园林设计与实践工作，如城市更新、公园城市、旅游度假区及酒店景观、住宅景观、江南园林等的设计和营造。擅长在国际化视野下结合本土环境，将生态、生活、生产景观演化为生境、画境、意境的“三境”风景园林文化的设计和营造，在设计中强调项目全程化设计创意的匠心落地，拥有丰富的从理论到实践的经验，是园林文化的推动者和传播者，是居境大观的倡导者与践行者，提出了站在文化的高度、造园的精度、生活的适度、城市的维度、世界的广度的“五度”风景园林设计理念和精准设计、精湛施工、精彩呈现的“三精”匠心造园理念。其设计的作品有获得国际风景园林师联合会（IFLA）奖与中国风景园林学会奖的九华山涵月楼酒店，获得世界园艺生产者协会展园大奖的唐山世界园艺博览会上海园、郑州园林博览会上海园，城市更新的上海北外滩滨江绿地、苏州河外滩最美会客厅花园、上海徐汇高安花园以及获亚洲人居奖的天安千树、旭辉恒基天地等经典项目，获得“园林杯”的上海古北黄金城道、商船会馆花园等经典项目。在对世界城市及园林的考察中，虞金龙先生不断探讨与研究东西方园林文化的交融与差别所在，不断探索风景园林对于当下公园城市、花园人居、人与自然和谐的意义。

序一

2010上海世界博览会中提出“城市，让生活更美好”，其意义涵盖了城市中实现人与自然的和谐，人与人的和谐，以及现在与历史的和谐。其实，任何美好的空间，都在于其与自然的依存关系，与社会文明的糅合交织，对历史的承继和延续才能得到平衡和发展。

虞金龙教授的《我眼中的英国花园》不仅以风景园林设计和实践的专业人士的视角对作为世界三大园林体系之一的英国园林发展的脉络、风格演变和经典设计做了系统阐述，更从历史、人文、自然这三个维度将英国园林和花园的美好全面展现。

带读者从历史“时间轴”上了解英国园林和花园是本书的亮点。虞金龙教授对英国园林从43年至现代的发展历史路径做了断代研究，相伴英国国家和欧洲的发展历史，讲解英国园林从菜园到花园再到风景园林的发展历程。再转至现代，回答了在科技、社会高速发展的冲击下，从悠远历史而来的园林如何以新的生命活力持续吸引市民、游客和专业人士的问题。

《我眼中的英国花园》的另一精彩之处是虞金龙教授将这些花园、园林，及它们所属的古堡、庄园、乡舍与“人”的故事娓娓道来。园林的巧思匠心中有哲学家、文学家的自然思想、画家的自然风景画、历代建筑师与造园家的历史性作用、英国王室和民间信托基金等组织的保护运营模式、园丁团队的工作方式和技能、英国普通人民对生活和园艺的热爱等。更令人身临其境的是虞金龙教授对城堡、乡舍和花园的历代主人的传奇故事及其家族的兴衰演变、园林与历史文化名人、时尚艺术和政治圈子的互动交织的描述，使读者在认识和理解这些英国园林的历史成因和人文积淀的同时，领悟与体验场景里发生的故事。

英国的乡村、庄园、花园似乎本就是“人与自然和谐”的代名词之一，虞金龙教授除了从园林设计的角度深度诠释之外，更对英国园林中收集自世界各地的丰富园林植物进行了细节的附图介绍，包括经典园艺配置植物、罕见植株、植物季节特性，以及园林中的植物和动物在当前气候下遇到的挑战等。

《我眼中的英国花园》是虞金龙教授作为园林人38年来的努力、理想与追求的实现，是他与团队对描述英国园林与花园的书籍、视频等反复研究、十多年对英国园林的实地考察与复盘、16次英国园林之行中拍摄的50多万张美丽园林照片的成果精选。

再次祝贺虞金龙教授能将自己对工作、花园和历史文学的热爱付诸此书。它对公园城市建设、花园人居建设、风景园林发展无疑有很大的参考价值和现实意义，同时也适合所有热爱美好的读者。

吴志强
中国工程院院士
德国工程科学院院士
瑞典皇家工程科学院院士
2022年8月

序二

提到英国园林，大家都会想到湖区（the Lake District）、科茨沃尔德（Cotswold）、霍沃斯（Haworth）等精彩绝伦、斑斓多彩的自然景观，18世纪的自然式园林是英国对世界园林风格所作的重要贡献。

园林是建筑物的室内空间向室外空间的一种有机延伸。自古以来，园林作为人和自然之间的过渡，一直是很多哲学家、艺术家较为关注的领域。"全能的上帝率先培植了一个花园。的确，它是人类一切乐事中最纯洁的，它最能怡悦人的精神，没有它，宫殿等建筑物不过是粗陋的手工制品而已……"这是英国著名哲学家弗朗西斯·培根（Francis Bacon）在《论造园》中的一段名言。正如这位哲人所说，园林是建筑艺术最好的修饰，它能给我们的生活创造一个美好的环境。人的基本生活离不开建筑，但是园林似乎是一种奢侈品，它的欣赏性要远远超过实用性。从这一点上来说，人们的审美理想和欣赏情趣也就能较为完整地在园林艺术上反映出来。

人们很早就认识到山水植物等自然环境与人类生存和繁衍之间的依存关系。古往今来，在东西方的各种文献经典、艺术作品和故事传说中，许多学者、哲人都将园林看作人类生活的理想境界，并以它为模式来构想、描绘天堂的美好生活。

在英国的花园里，您就能深切感受到这种人与自然、人居环境与花园景观的有机融合关系。

虞金龙先生花了十多年的时间，先后16次赴英国，从城堡花园、庄园花园，皇家园艺学会花园、公园与植物园、个性化园艺花园、小镇花园等多维度多方位研究考察，以"时间轴"上的英国园林发展史研究为基点，分析英国园林的成因与发展，以及对人类居住环境的影响。

在今夏上海连续40℃的日子里，读到虞金龙先生这本书的样稿，甚感欣慰。这些年，大家出国的机会多了，介绍国外园林的书籍很多，但是兼容系统性、专业性、可读性的不多。作为同行，我欣赏虞金龙先生缜密的思考和严谨的写作态度，被他十多年坚持写好一本书的精神所感动，并为他精心撰写的这本专著能够付梓由衷感到高兴。本书兼具了学术性、知识性、实用性，图文并茂，值得一读。

是为序。

朱祥明

教授级高级工程师

全国勘察设计大师

上海风景园林学会理事长

住建部风景园林专家委员会委员

2022年8月

前言

我想写《我眼中的英国花园》一书的想法由来已久。主要有两个重要的原因，其一是我作为一名从事风景园林设计与实践工作的专业人士，在设计与实践中需要了解世界三大园林体系发展的脉络以及引导风景园林走向的大事件，而英国园林就是世界园林体系中发生过大事件的部分。如18世纪独树一帜并风靡全球的英国自然风景园林与花园，每年举办的引导国际园艺走向的英国切尔西花展等。其二是爱好花园与文学使然。英国有那么多令人向往的伊甸园式园林与花园，需要我们去认识和理解这些英国园林的历史成因与人文积淀，需要去领悟与体验园林花园场景里发生的故事，每当我站在英国园林里时，都会感觉到从眼睛、身体到心灵的融入，仿佛时间就停留在发生故事那一刻的时光里，而且每一座园林与其背后源远流长的故事让人在身临其境中肃然起敬。

讲到英国园林与花园，我想对于专业人士来说似乎是不陌生的，在各类园林专业教材里都有描述。对于去英国旅行的游客也同样如此，因为英国园林、园艺是世界园林与园艺的风向标，英国的乡村、庄园、花园似乎是人们追求与向往的“桃花源”的代名词。但我们对英国的园林与花园、英国的园艺与生活到底了解多少？当前在电视、书籍、旅游等的释文中对英国园林是否已完美诠释？是否还需要更多完善？

带着诸多疑问的我，对描述英国园林与花园的书籍进行反复阅读与学习，并从2008年起，带领团队对英国园林开始了长达十多年的实地考察、研究与复盘，与英国皇家园艺学会及众多花园主进行交流，对英国国民自然信托基金会等组织管理的城堡、大宅及花园的保护及运营模式进行探讨，通过对英国园林实地考察拍摄的50多万张英国园林照片及视频里进行分析与研究，我深深地被英国园林从菜园到花园再到风景园林发展的历史路径所吸引，被独特魅力的如风景画般的斯陀园、斯托海德风景园、布伦海姆宫、谢菲尔德公园花园、霍华德城堡花园、大迪克斯特豪宅花园所震撼，被人人都是园丁的民众基础所感动。也得出一个浅显的结论：我们对英国园林及花园这一世界性的园林宝库认识与了解还是远远不够的，有的地方的理解甚至是肤浅的。鉴于此，我根据自己带领研究团队16次的英国园林之行，对英国园林的历史成因、发展过程、风格演变做一些我的认知的阐述，以便从更多的方面去了解“时间轴”上的英国园林，了解这个世界园林宝库的前世今生。

我理解的英国园林发展的历史是相伴着英国国家的发展历史的，英国园林就是一本园林与英国人文历史发展的百科全书，就如人类发展的历史长河里，有西亚人入侵欧洲的历史，有东西方文化（包括园

林）的交融与发展，有从欧洲的凯尔特人、古罗马人、盎格鲁-撒克逊人、诺曼人等入侵英国并定居，定居后出现了因生活需求而产生的园艺现象，出现了园林文化的传入、认知、实施及不断发展。可以说，英国园林从无到有，从东西方文化交融，在欧洲大陆的意式台地园林、法式规整园林的影响中形成、发展、壮大的规整园林到独具特色的18世纪自然式风景园林、19世纪的如画自然风景园林、20世纪的个性化工艺美术园林、21 世纪的当代各种园林等，可谓波澜壮阔、影响深远。

这当中我觉得诸多学者对18世纪以前的英国自然风景园林产生的思想源泉描述与研究不多，如缺少对培根、坦普尔、弥尔顿等哲学家、文学家的自然思想描述，对普爽、洛兰、特纳、康斯坦布尔等画家的自然风景画研究与论述缺失。我认为这些需要加以补充到英国园林的发展史中，而18世纪独特的英国自然式风景园林体系影响了西半球园林发展和世界园林发展，英国大地上的各种各样园林花园及有160多年的英国切尔西花展等已成为世界园林、园艺、花艺发展的风向标，这些又与各时期的建筑师与造园家的理想追求与不断实践分不开，所以在研究与游赏英国园林时，对范布勒、勒诺特尔、约翰·伊夫林、伦敦、怀斯、斯维泽、布里基曼、肯特、布朗、吉尔平、奈特、普莱斯、雷普顿、钱伯斯、路登、拉斯金、莫里斯、杰基尔、罗宾逊、帕克斯顿、克劳德、杰利科等历代建筑师与造园家的历史性作用研究，也是对英国园林的致敬。今天英国园林的发展，与国家层面及英国王室的重视、国土的规划，同时与“人人都是园丁”喜爱花园生活的国民也有关，与16世纪航海大发展后，从世界各地收集而来的丰富园林植物有关，与英国国民自然信托基金会等组织的保护与管理密不可分。

园贵有脉，思贵有想，英国园林亦然。我想事物关联的是脉络、是源泉、是体系，是因为交融才有发展，研究英国园林历史与人文、哲学与文学影响，探索其规划、设计与造园的知行演变，有助于世界园林宝库的丰富、充实，对当代世界与中国的公园城市建设、花园人居建设、风景园林发展也是非常有参考价值与现实意义的。我们常说“他山之石可以攻玉”，这就是写作《我眼中的英国花园》一书的初衷。此书可能会有很多不完善之处，但我以自己的绵薄之力，以一家之言、沧海一粟的努力与勇气对英国园林进行研究与探索，希望对风景园林专业人士、对城市规划及行业管理者等有所帮助，也希望对今天中国的风景园林教育、公园城市建设与花园人居理想，以及实现园艺让生活更美好的愿景，提供一些知行合一的园林、生活、艺术审美线索和帮助。

仅此足矣。

虞金龙

2022年8月

目录

序一

序二

前言

英国园林概述

——“时间轴”上的英国园林发展史

城堡花园

庄园花园

皇家园艺学会花园

参考文献

后记

《我眼中的英国花园：下》

英国园林概述

——『时间轴』上的英国园林发展史

起源

——为什么关注与研究“时间轴”上的英国园林

世界园林丰富多彩，从地域、内涵与文化特色上基本分成欧洲园林、西亚园林和东方园林三大园林体系，而英国园林在世界园林体系里拥有其特殊的地位与高度，主要是18世纪英国的自然风景园林体系对世界的影响，还有以丰富园艺植物品种构建的各种经典花园和每年的切尔西国际园艺花展，让世界为之震撼。

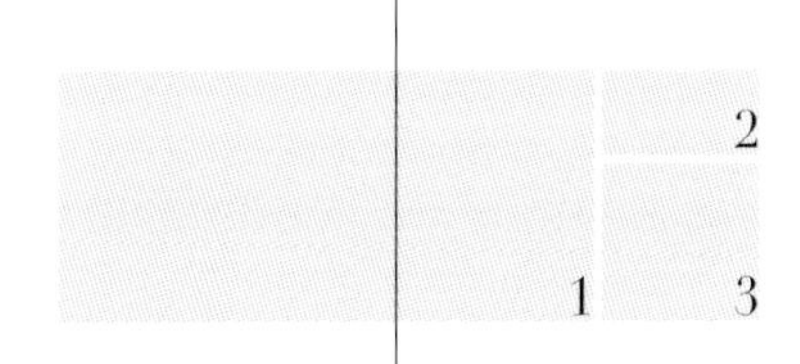

1. 东方园林——中国苏州拙政园
2. 欧洲园林——英国斯托海德风景园
3. 西亚园林——古埃及墓中石刻的贵族宅园平面

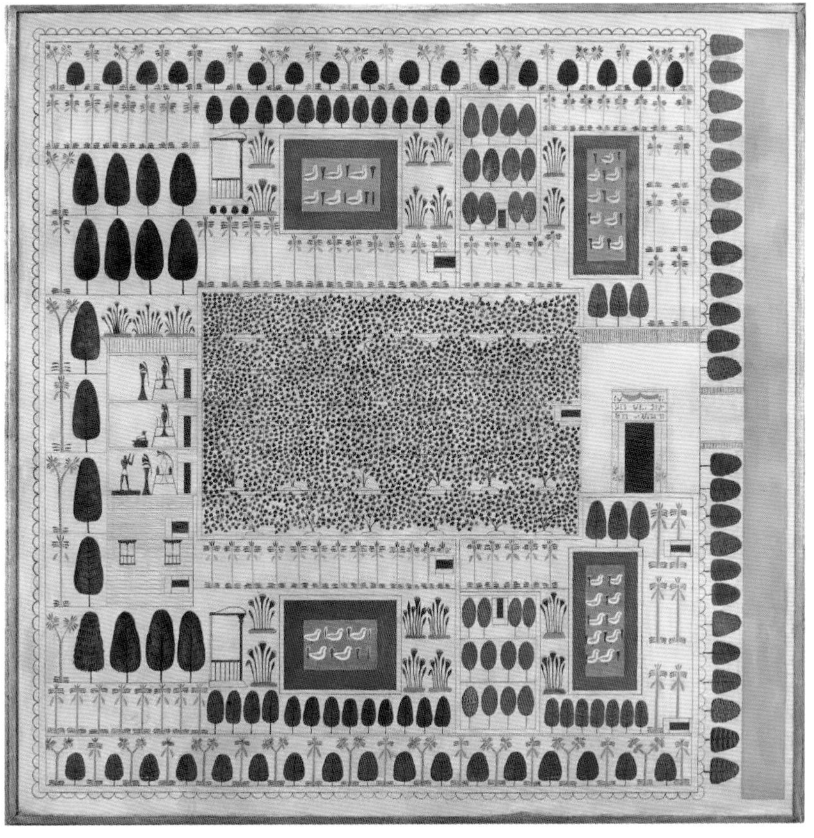

1 3
2

1. 13 世纪廷塔格尔城堡的废墟
2. 温莎城堡建筑外立面
3. 利兹城堡外观及城堡内残垣

不同需求出现了城堡（castle）与宫殿（palace）园林、修道院（abby）园林、乡舍（cottage）园林、封邑园林、猎苑园林等。

中世纪的英国出现了真正意义上的相对独立的享受型园林。虽然其园林空间依旧是封闭与围合的空间，但内容有了比较大的变化，如我们在英国考察的1080年建成的温莎城堡与1230年的廷塔吉尔城堡都有花园围垄的存在。这个时代的园林特征与古罗马时代发生更进一步的变化，出现了有着特殊意义的城堡与宫殿园林。诺曼时代，城堡的各项功能也发生了变化，城堡不仅仅具有防卫、居住、生活等基本功能，还具有统治者统治、享受、观景、社交接待等的多样化文化与精神功能的需求，园林的内容与内涵对应着礼仪和仪式、生活和享受、精神和文化。但这里要提到的是，园林空间的布局还是以墙为边界的封闭空间场所，边界形式与功能上与中国古代以围墙为边界的皇家、寺庙、私家园林非常相像，是一个有安全保障的园林空间，风格上则依旧是规则式的风格，表现形式上与统治者拥有的权力有很大的关联，只是这一时期的园林空间从内容到形式已变得更加丰富多彩，反映了多样化的场所精神。

中世纪英国园林的特征在一些英国的书上有详细描述与记载，如1535年的《圣经·雅歌》英文翻译中将hortus conclusus表达为一片精心维护的花园，即花园式围垄园林；1605年尊敬的园艺师公司在出版的《园艺行动》（*The Feate of Gardening*）和弗兰克·克里斯普于1924年出版的《中世纪园林》里都描绘了中世纪的英国园林风格与详细

特征。中世纪的英国园林形式是规则式的，在城堡的园林空间元素里包含了门廊、回廊庭园、喷泉、廊架、花园、果园、菜园、草园、葡萄架、编条围栏、城墙步道等，有的城堡外的林地公园、湖泊等为了防卫与狩猎也归属于城堡园林的范围，如著名的利兹城堡、阿伦德尔城堡等。我们需要关注和强调的是，在中世纪的英国园林中，尽管园林的形式、风格与空间已演变得更加多样，但依旧是以墙为边界的封闭规整场所空间，另外生活功能必需的菜园与果园依旧是园林非常重要的组成部分，是人们获取生活所需食物的重要途径，这一封闭的规则式园林空间形式在随后的时代里发生了一些改变，如与花境有关的花坛（border）一词出现在中世纪的园林语境里，是人们对当时园林场景变化的一种认识与解读。因为在中世纪的城堡园林与民众的花园里，有意与无意地出现了花境形式的花坛种植手法，城堡里的仆人们与普通民众为了生活获得蔬菜、药草及香料等生活必需品，在厨房花园中或房屋附近的土地上丛状混植蔬菜、药草及部分的花卉，形成了花境的最初形状与形式，从这一点上来说也佐证了花境来源于贵族与生活需求这两个方面，奠定了花境起源的历史渊源。在18世纪以后的英国花园里，花境成为花园里的重要组成并进而风靡全世界，英国的阿利庄园里的花境更被认为是现代花境的发源地，花境在工艺美术园林阶段得到了飞速发展。

中世纪园林时期的彼得拉克（Francesco Petrarca）（1304—1374年）是人文主义之父，他的生态观里表达了对自然的渴望，他的文化观里表达了对风景的热情，而对古代的热爱则反映了他的历史观，他的思想成为中世纪对自然、风景、历史的先知，也成为一种改变英国园林走向的思想源泉，是文艺复兴园林由中世纪园林的封闭开始向外打开的源动力，因为园林是思想先于行动的一种文化现象，是知行合一的结果，是一个物质场所与精神乐园。

1

1. 阿伦德尔城堡及花园

3.文艺复兴园林时期（1485—1660年）

文艺复兴是起源在意大利的世界性重大事件，进而影响了欧洲经济、文化、社会、绘画、建筑、园林等方方面面的发展，也是英国园林历史长河中发生重要变化的一个时期，是中世纪后期到文艺复兴思想影响英国园林的一个重要变革期，是一次思想交融与影响下的园林品位革命的时代，罗伊·斯特朗（Roy Strong）在《英格兰文艺复兴园林》里详细地描述了这一点。而意大利的文艺复兴文学家也如帕拉迪奥（Palladio）和科隆纳（Colonna）等，特别是富裕的贵族阶层们开始希望在乡村地区创造心中的理想生活与享乐的伊甸园，并期盼做一个幸福生活的花园农夫，实现梦想式归隐田园的生活。

从“时间轴”上来说，中世纪后期与文艺复兴时期的前期是叠合发展的，中世纪的英国金雀花家族在经历了1337—1453年的百年战争（保住了诺曼底）和1455—1485年的玫瑰战争（保住了英格兰的完整）后，都铎王朝的英国国王亨利七世饱经中世纪的战争沧桑，他励精图治为一个繁荣、独立、自强、高雅的英国打下了坚实的经济与文化基础，他为英国引入了改变历史的文艺复兴文化思想。意大利是当时欧洲的中心，文艺复兴运动从社会、科技、建筑、文学、音乐、艺术等方面影响到了意大利和整个欧洲大陆的全面发展，于是亨利七世把意大利的文艺复兴文化引入到了英国，文艺复兴文化的内生动力对英国的国家发展走向产生了巨大影响，对这一时期的英国园林同样影响巨大。但真正发扬光大英国园林建设与发展的是有品位、且做事决断大刀阔斧的

1. 汉普顿宫宫殿与规整的花园
2. 汉普顿宫标志性巨大紫杉树
3. 波维斯城堡花园高台
4. 布伦海姆宫台地水景园

国王亨利八世和一大批在意大利和法国旅行与学习的英国文学家、画家与造园家等。在代表王室的国王亨利八世的强有力推动下，英国的园林功能和空间布局发生了巨大的改变，促使这个阶段的园林从封闭的城堡规则园林逐渐走向开放的庄园式园林（在文艺复兴后期的17世纪更产生了向自然式风景园林发展的思想与实践行动）。园林功能也从生活需求为主的生活园艺园林真正走向了以统治与精神享受为主的文化园林，园林空间形式与风格上更加趋向于规整与仪式、奢华和炫耀，园林场地成为宣示地位的社交与聚会场所，如著名的汉普顿宫园林、里士满宫等，汉普顿宫的建筑、园林历史关联着国王亨利八世、万能布朗的思想与故事（详见本书35页，“布朗式‘自然蜿蜒园林’的巅峰期”）。

英国文艺复兴时期园林的空间布局是规则式的，功能是为皇家与贵族享受服务的，花园既是社交的场所，又是呼吸鲜氧、休养生息的地方。英国文艺复兴时期园林的明显及主要特征元素为：门楼、绿色庭园、园艺区块、步道、迷宫、模纹（结纹）、菜园、果园、草地、日晷、高台、凉亭、树篱、喷泉、雕塑等。园林经由门楼与外部的广阔空间相连接，经与房屋前或旁的平台与公园花园相接，与中世纪园林的庭园相比，门楼内文艺复兴的庭园功能更加多样，具有仪式、避难、剧场、表演等功能。这里要特别指出，花园高台是文艺复兴时期的新事物，与中世纪园林中的城墙步道功能类同，与房屋建筑相连，可巡查、可行走、可观景，花园高台上的凉亭可用于社交、宴会、观景等用途，类同于中国园林中的茶楼、半山亭等功能，园林中的模纹园是从意大利先引到法国再引到英国的，因为当时欧洲的主导文化就是意大利文艺复兴文化。园林中的模纹园图案溯源上与西亚文化中的编织装饰图案有关，构成的主要元素为常绿灌木、花卉、沙石、草坪等；园林中的日晷是来自于古埃及的报时工具，现在更多是园林中的小品装饰作用；喷泉在中世纪园林中是用来沐浴冲凉的，而到了文艺复兴时期园林中与雕塑一样更多是视觉聚焦的艺术小品景观功能；园林中可以游览观赏和行走的林荫步道可由修剪的高大树篱，如栎树等组成（汉普顿宫的绿廊），当然也可以是葡萄、金银花等藤蔓植物攀爬构架支撑形成，这样的林荫步道植物造景一直延续并影响至今。另外园林中的菜园与果园还是用来满足生活基本需求的。

与中国园林的园以文载一样，如陈继儒1624年的《小窗幽记》就描述了诗情画意、林泉高致的园林景致与文化表达，而文艺复兴时期的英国园林文学记载也是值得一提的。如1568年的托马斯·希尔（Thomas Hill）写就了英国第一本园艺书《园丁迷津》（*The Gardener's Labyrinth*），于1577年出版，也有一说英国园林的第一本园林书是《园艺行动》（*The Feate of Gardening*），由美斯特·乔·加德纳（Mayster Jon Gardener）于1390年左右完成。在英国文艺复兴与巴洛克文化交融期的1625年，著名的弗朗西斯·培根（Francis Bacon）在《论花园》等著作里描绘了当时园林的思想变化，反映了这一时期的园林思想脉络在发生变化，特别对于规则式园林发出了灵魂思考。培根特别赞美田园大地的自然美，提出了园林向自然方向发展的艺术趋向（详见本书28页，“英国自然风景园林的思想萌芽期”），不规则与自然成为当时园林破界发展的先锋思想，而著作发表的时期与中国明朝计成的论著《园冶》（1634年）在差不多时期。到了文艺复兴后期的著名田园文学家坦普尔（William Temple）（曾经是外交官）在1685年写了一篇《论伊壁鸠鲁的园林》（*Upon the Gardens of Epicurus*），他把隐居乡村作为一种理想；弗朗西斯·让蒂尔（Francis Gentil）于1706年出版了《幽居园丁》一书，书中对英国园林的认识进行了不同角度的描述与理解；另一位田园文学家沙夫茨伯里伯爵（Shaftesbury，Anthony Ashley Cooper）也描绘了隐居乡村田园的美好场景与诗意生活，乡村庄园园林的空间布局形式变化反映了当时富裕的人们对园林环境的美好梦想与追求，也反映了从哲学到文学的思想探索。

我们总结下文艺复兴时期的英国园林：将近200年的文艺复兴时期对英国园林风格与空间布局的影响是深远的，变化是明显的，内涵是丰富的。从文艺复兴早期到中期再到后期，规则式园林风格依旧是这一时期英国园林的灵魂和要义。其布局构图划分依据在于对功能的满足。文艺复兴时期是英国规则式园林的一个重要的变化时代。与中世纪以满足生活为主的内向园林不同，园林逐渐向外打开，向庄园发展，这是一个重要的变化，是向自然式风景园林思想过渡的苗头与火花，这特别得益于16世纪的航海发展带来的植物丰富和17世纪欧洲经济大发展带来的财富与思想变化。富裕的贵族们的思想改变了对园林的功能需求，让园林似乎闻到了新鲜空气一样，从此开始走向了众多户外空间区块，所以到了17世纪早期的弗朗西斯·培根等提出了革命性的“园林应效仿自然”的园林变革方向。即便如此，文艺复兴的英国园林总体上还是规则式的园林。

4.巴洛克园林时期（1660—1750年）

17世纪后半叶至18世纪中叶是巴洛克（Baroque）文化盛行于欧洲大陆的时期，是文艺复兴后期一种象征着权力与统治的文化，克洛德·莫莱（Claude Mollet）与安德烈·勒诺特尔（André Le Nôtre）是欧洲巴洛克园林文化的代表人物，而约翰·范布勒（John Vanbrugh）、约翰·伊夫林（John Evelyn）、乔治·伦敦（George London）和亨利·怀斯（Henry Wise）是英国这一巴洛克园林文化时期的代表人物。巴洛克风格对文学、绘画、园林、建筑、音乐、权力等都有重大的影响与作用，巴洛克在园林空间与建筑装饰上表现出一种平面和竖向线条控制布局的装饰风格，用巴洛克风格构成的园林空间实则反映了对权力、规则、秩序和地主领地统治的追求，并促使规则式的英国文艺复兴园林发生了向巴洛克风格园林的巨变，如斯陀园与霍华德城堡的早期园林。当然巴洛克园林最早也是起源于意大利，后兴旺于法国（以凡尔赛宫等勒诺特尔式规整园林等为代表）并在随后影响到了英国园林（格林尼治公园景台等）中，如以约翰·范布勒设计的斯陀园、霍华德城堡和布伦海姆宫就保留有巴洛克建筑与园林空间的烙印。

巴洛克园林最大的特征就是平面与竖向的规整与秩序、线条与装饰、统领与精神，英国巴洛克园林兴盛的原因在于

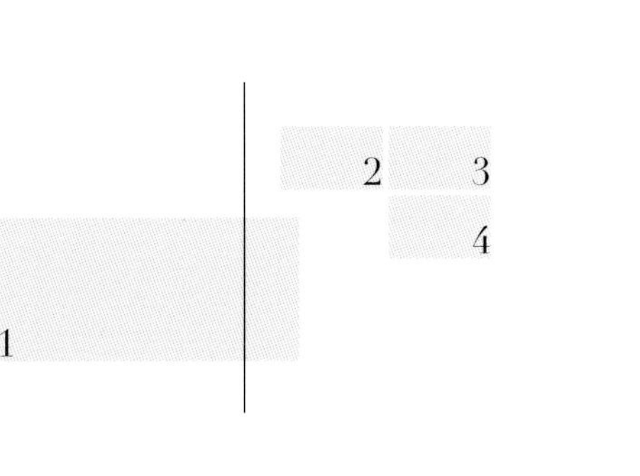

1. 斯陀园中帕拉第奥式桥梁
2. 斯陀园中面对爱丽舍田园风光的凉亭
3. 布伦海姆宫建筑外观与喷泉水景
4. 霍华德城堡规整式草坪花园

王室成员的认同，与王室有很大的关联。如1649年时的查理二世（Charles Ⅱ）流亡移居欧洲大陆，查理二世又于1660年结束流亡回到英国，著名的造园家约翰·伊夫林（1620—1706年）作为查理二世的顾问协同国王引入了风靡欧洲的巴洛克风格，查理二世还积极邀请法国设计师安德烈·勒诺特尔为英国的格林尼治公园设计的园林景坛就是巴洛克风格园林。另外，1688年威廉三世（William Ⅲ）与玛丽从荷兰归来，他们也都认同欧洲大陆的巴洛克文化和科学技术，由此为英国的巴洛克园林兴盛提供了从上至下各方面发展的环境条件，这一切都是顺理成章的。虽然巴洛克园林在英国仅百年历史，但影响还是巨大的。

我们看到与认识的英国巴洛克园林依旧是规则式的风格，而表现出更加强大的居高临下的轴线感与领地感，有一种大气又华丽的感觉。其园林构成的特征要素如下。

（1）巴洛克景观大道：是一种规整的园林美学造景元素与园林空间的重要组成。巴洛克园林景观大道不仅仅营造了来往城堡与宫殿时可以观赏与打开两边壮观的风景视野，还宣示了地主的权力和土地所有权的延伸，是领地感强烈的表示，起到了风景视觉美学与进行狩猎活动区域的引导作用，如汉普顿宫、布伦海姆宫、温莎城堡等都拥有巴洛克园林景观大道。从城堡、宫殿房屋一直向外辐射到入口，象征着至高无上的权力与统治的范围。

（2）水道（渠）：形式往往为几何形，长长或宽宽的水道是巴洛克园林的重要元素。既可以在炎热的空间里带来凉爽的感觉，也可以在水道上有泛舟、养鱼、映射周边景物等功能。

（3）对景：一种园林环境里内外聚焦的景观要素，在视野聚焦中产生向心作用与重点所在，可以是教堂、纪念碑、雕塑、凉亭等，是园林中充满吸引力的信息可达所在。

1. 布伦海姆宫入口景观大道
2. 霍华德城堡的四风神殿作为视觉对景

（4）喷泉：是欧洲规整园林里的重要装饰元素，赏心悦目的科学与艺术结合体，往往是空间里动感与聚焦的引人入胜之处，著名的霍华德城堡庄园、汉普顿宫、布伦海姆宫、查茨沃斯庄园（乔治·伦敦和亨利·怀斯设计）等都有喷泉的布置。

（5）瀑布：这是一种竖向和平面结合的动感式水景，形成对人们视觉感官的吸引和景观空间上的变化，如布伦海姆宫的瀑布。

（6）模纹（结纹）景坛：巴洛克园林重要的组成，以修剪的灌木围篱为模纹园边界与空间进行分割，在模纹内种植花卉、草或铺设砂砾等。

（7）下沉墙堤（“哈哈墙”）（Ha-hah）：布里基曼

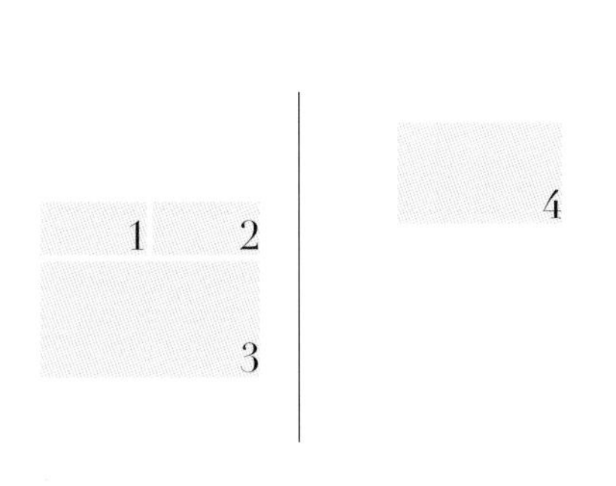

1. 查茨沃斯庄园喷泉
2. 布伦海姆宫意大利花园喷泉
3. 宝尔势格庄园水景
4. 布伦海姆宫“哈哈墙”

（Charles Bridgeman）在斯陀园应用的一种消除边界、融合园内景物与外部边界的设计手法，巧妙分割与融合了园林内外的景观空间，让原先封闭的园林空间与乡村大地、广阔的田野牧场等有视觉上的联系，是打破园林空间封闭的一种景观处理方式，是园林从封闭式走向开放与融合的一种里程碑式造景新手法，是园林由规整向自然转变的一次品位革命。

（8）绿廊：由植物攀爬上支架或由纯植物连接而形成，是人们漫步和休闲的园林场所空间（如著名的汉普顿宫绿廊）。

（9）造型植物（修剪树冠）：通常把树木或灌木修成圆柱、方柱、动物等形状，在霍华德城堡、汉普顿宫、布伦海姆宫、海格沃格庄园等都有运用。

（10）组合植物丛景：边界有围篱的不同树木组合而成的植物群。

（11）装饰品：门柱、石栏杆与铅制雕塑等成为园林中的装饰小品。

（12）野趣园：巴洛克风格园林中的一种荒野景观，内设步道，有时内含迷宫，这个也是园林艺术向自然式方向发展的一个渐变体。在巴洛克园林中菜园常常是不包含在内的，菜园位置一般在城堡墙外，形式上也是整齐划一的巴洛克式风格，也有认为可以归入巴洛克园林范畴。

虽然巴洛克园林在英国的持续时间不长，但这个时期的园林设计师约翰·伊夫林、乔治·伦敦和亨利·怀斯都是杰出造园家，乔治·伦敦和亨利·怀斯对英国巴洛克园林的杰出贡献毋庸置疑。当然在巴洛克园林时期，对园林的认识与观念仍在发生变化，哲学家培根、文学家坦普尔等提出了园林应该向自然方向发展的观点，前文提到的“哈哈墙”与野趣园等就是园林由规整向自然转变的具体形式与表现。在不断地思想观念碰撞中，英国的规则式园林迈向了影响世界园林发展的自然风景园林方向。

03 自然式风景园林发展各时期（17~20 世纪）

前面提到世界园林根据区域与园林特征基本上分为三大体系：东方园林、西亚园林以及欧洲园林。一般而言，东方园林中的中国园林代表了一种东方的优雅与内敛，是以感性出发的诗情画意，如中国的苏州园林就以虽由人作、宛自天开的造园理念独树一帜于世界园林体系中；西亚园林则以围廊、十字水渠、模纹图案等成为园林的特征；而欧洲园林则是代表了西方的规则与秩序，是理性思考的典雅构图，千百年来，一提起欧洲园林，人们就会想起意大利的台地园林与法国的勒诺特尔规则式园林等规模宏大、景色壮观的宫廷式园林，如意大利的伊斯特水园和法国的凡尔赛宫园林等。但

1. 谢菲尔德公园秋色鸟瞰
2. 斯托海德风景园迷人的自然岸线
3. 谢菲尔德公园不同季节呈现出不同的植物魅力

欧洲园林中的英国自然风景式园林其实是园林的另一种高度与境界，以自然和浪漫主义风格征服并影响了世界园林的发展。

有的学者认为，英国自然风景园林是始于18世纪的追求开朗明快、富有浪漫主义色彩的自然式园林，一些学者还把英国的自然式园林发展分成了庄园式、如画式与园艺派三个时期。通过对英国园林的研究与考察，我把英国的自然式风景园林发展分成了更加清晰的几个阶段，这是为了理清英国自然式园林的脉络体系，如果没有17世纪的英国田园文学思想与欧洲的自然风景画影响（如法国的普爽与洛兰的风景画，英国的培根与坦普尔的田园文学自然思想等），是不会有18世纪的英国自然风景园林的出现、成型与日臻完美的，这是行成于思的源泉，知而后行的成果。而随后的19世纪的如画浪漫主义园林与20世纪的工艺美术园林都涵盖了自然风景园林的造园理念的延续与发展，这也与自然风景园林派各时期的斯维泽（Stephen Switzer）、布里基曼、肯特（Kent William）、布朗（Lancelot Brown）、吉尔平（Reverend William Gilpin）、普莱斯（Uvedale Price）、奈特（Richard Payne Knight）、钱伯斯（William Chambers）、雷普顿（Repton Humphry）、拉斯金（John Ruskin）、杰基尔（Gertrude Jekyll）、罗宾逊 （William Robinson）、路登（John Claudius Loudon）、路特恩斯（Edwin Lutyens）、莫里斯（William Morris）等造园家的造园理念有关，与他们不断地具体实践有关，即使到了今天，风景园林依旧受到人与自然和谐共处思想的影响。

1.英国自然风景园林的思想萌芽期（17世纪）

为什么要提到17世纪的英国园林思想，因为这是英国文艺复兴与巴洛克文化交织的时期，同时又是英国自然风景园林孕育与孵化的思想形成时期，补充这一时期的描述是非常必要的。在以往国内出版的书籍、文献、报纸杂志与影像视频中，对影响世界园林发展的18世纪英国自然式风景园林描述是相当多的，耳濡目染、如雷贯耳的是18世纪的自然风景园林思想，但对英国自然式风景园林产生的思想与源泉在17世纪的描述相对较少，不管是诗歌与绘画、建筑与园林，其源泉的重要性是不言而喻的，思想有源，脉络有源，英国自然式风景园林的产生同样不是偶然的，是有其发展的轨迹与渊源，是当时的理想到水到渠成的实践必然。

我们把17世纪理解与定位为英国自然风景园林的思想源泉与萌芽期，是从众多的历史资料、留存的园林遗迹以及不断的观察与研究中得出的结论，有鲜明特色的18世纪英国自然式风景园林实际上是受17世纪欧洲风景绘画与英国田园文学影响催生而出的结果。思而后行，行而后再思，因为在欧洲文艺复兴的后期，欧洲的画家普遍开始重视与观察田野大地中的自然风景，如法国画家尼古拉斯·普桑（Nicolas Poussin）、克洛德·洛兰（Claude Lorrain）等就是自然风景画的开创者，另外17世纪英国的田园文学著作里也都表现出对乡村、对自然风景的向往与描述，英国哲学家培根更在1625年出版的《论花园》里详细描述了田园与自然的美妙，提出了“园林是门艺术，而自然就是最伟大的艺术，园林应跟上自然这门艺术的步伐，应效仿自然建造园林” 等著名论断。他认为“种植花园是人类乐趣中最为纯洁的事，也是人的精神的最好的滋补品。没有花园，建筑物和宫殿将成为粗俗的人工制品。正如人们看到的，在时代走向文明雅致的过程中，人们总是先创造建筑的辉煌，而后创造园林的优雅，好像园艺学是更为文明的完美”。在这段话里培根对园林的理解是深刻的，把园林置于建筑活动这一物质层面之上，而上升到人的精神与艺术层面。在《论花园》中培根还详细地描述了他理想中的园林审美和艺术趣味则表现出更多的自然倾向：反对过分雕琢，主张保留自然氛围，园中土堆要力图模仿自由的大自然。在强调保持自然状态的同时，他也强调艺术的加工和改造，认为艺术应效仿自然，他主张：“这些直立的灌木丛要经常修剪”。总之，他认为要把自然中令人心旷神怡的东西，集中到一个叫作园林的空间里。因此我们可以得出这样的认识：培根的哲学思想预言了英国自然式园林的出现，而他心中的理想庭园与思考总结，为英国自然式园林的诞生指明了方向。

著名田园文学家坦普尔也在《论伊壁鸠鲁的庭园》里对田园与自然风光进行了赞美，表现出对园林从规整转向自然的向往，坦普尔虽然没有到过中国，但他对中国自然式园林有特别的称赞与推崇，或许是受到中国绘画与瓷器上中国画的影响；到了17世纪后半叶，赫利克（Robert Herrick）、弥尔顿（John Milton）、邓哈姆等英国的田园诗人和文学家同样憧憬田园与自然美，弥尔顿的《失乐园》描述的充满自然情调的场景使其与培根等成为英国自然风景造园的理论先驱之一。

综上所述，不难得出英国自然式风景园林的思想与源泉首先来源于英国田园诗人的田园文学与欧洲自然风景画家的自然风景画影响，而后的造园家才按照文学家的田园文学描述与风景画家的风景画指导去实现这一划时代的、影响世界园林发展的自然园林梦想。在我们的研究与探索中，充分表明17世纪的英国田园文学与欧洲绘画是18世纪英国自然式风景园林产生的推手，是一种催生了英国独创与独特的自然园林思想与实践的源泉。在前面一节里提到的17世纪的约翰·伊夫林也是一位早于18 世纪提倡园林应效仿自然的造园家，因为他当时已认为园林是一种艺术与自然的和谐成果，是人与自然和谐共处的一种方式，已经先于斯维泽、布里基曼、肯特、布朗等造园家提到了园林与自然的关系。最后不得不提的是约翰·伊夫林外的一些同时期的园林思想家与造园家，他们是培根、斯维泽、伦敦与怀斯等，但培根与斯维泽后来对自然产生了无限的向往和眷恋，逐渐尝试园林由文艺复兴园林、巴洛克园林的规整向自然方向发展的理论研究与实践创作，其中斯维泽是伦敦的学生，但在工作中他认为伦敦与怀斯的巴洛克风格园林是比较僵化、封闭且造价昂贵的，他认为园林中造价昂贵的围墙完全可以打开并融入自然的森林与乡村大地中，减少了园林的造价又突出园林空间的融合性、自然性与外延性，让视觉与心灵可达到自然的空间，园林应更加趋向生态与自然、艺术与和谐，所以17世纪巴洛克园林风格早期的培根与巴洛克园林风格后期的斯维泽、坦普尔、沙夫茨伯里等都预言了英国向自然式风景造园风格的向往与转变，为18世纪英国伟大的自然式风景造园产生奠定了理论基础。他们都认为园林设计应效仿自然，不跟随自然的脚步就无法设计出一座优秀的园林，认为园林是门艺术，园林更应该是不规则的，乡村与自然才是最大、最优美的园林空间。

2.英国自然风景园林成型与发展期（18世纪）

这是一个英国划时代的、伟大的自然风景园林成型与发展的新时代，深刻影响了世界园林的发展与走向。18世纪的英国是一个国民回望过去又展望未来的世纪，是一个国家与社会大变革的时期，英国的园林同样也发生了天翻地覆的变化：从围墙内的规则园林与大道向自然的林地、湖泊和山坡方向转变的品位革命，从规则式园林脱胎换骨而来的18世纪英国自然式风景园林成为英伦列岛上与哥特建筑相提并论的最伟大的艺术形式，这是一个真正属于有英国特色的自然式

斯托海德风景园优美的湖岸线

风景园林时期，其独特的自然式园林风格又反过来影响了欧洲大陆和整个世界园林的发展，是英国园林从理性向经验、规则向自然变化的革命性、品位性成就，其理论与实践一直影响着世界园林的发展一直延续至今。在之前我论述的英国园林是外来文化，是从欧洲大陆引入并进行效仿的规整式园林，特别是受到了意大利台地园林和法国的勒诺特尔式规则园林的巨大影响，但英国园林发生从规则式走向自然式风景园林体系的巨大变化在18世纪是必然的，在前一章节特别提到了自然风景园林的思想源泉是17世纪的英国田园文学与欧洲自然风景画的影响，17世纪的文学著作里更多赞美的是田园、是自然，田园文学家们从哲学与文学层面解析得出理论性结论：认为园林是门艺术，而艺术应效仿自然，美丽的田园风光和自然的风景是最大与最美的园林，园林不应该是封闭的，以墙为边界的范围，应该是与自然相融和谐的空间关系。而到了18世纪英国的田园文学、风景绘画继续影响，并更加促进了18世纪英国自然风景园林体系的完善与完美，当然18世纪英国自然式风景园林成因还有其国家发展的历史与经济属性、造园家及国民爱好的文化与生活属性、独特地貌气候的自然与风光属性。是自然环境、社会环境、经济与航海发展的大环境所致，特别是航海发展带来的世界各地的丰富植物等加速了英国自然式风景园林的独特风格成型与日趋完善，形成18世纪出现的有着独创的自然风格特征的英国园林完全有别于欧洲大陆的规则式园林，这种独特的英国自然式风景园林惊艳和影响到了欧洲园林与世界园林的发展。

2.1 18世纪英国自然风景园林的特征

2.1.1 自然风景体系的成形与手法

18世纪英国自然风景园林是有别于欧洲大陆的那些我们耳濡目染的规整园林——如典型的意大利台地园林和勒诺特尔式规整园林，是融合世界各种园林植物、是英国田园文学与欧洲风景画影响后适合英国气候与地貌的自然风景园林格局体系，是崇尚以不规则、自然、如画、浪漫、野趣为方向而来的园林奇幻之美。总体园林风格突出更多的自然化倾向，呈现出自然明快的色彩、浪漫疏朗的情趣，是英国独有的自然式园林的营造手法，往往以建筑外延的户外平台再连着自然弯曲的道路，道路串连着自然式的树丛、草地、蜿蜒曲折的河流与山坡，通过不断打开与融合的借景与对景手法，起到从视觉、心灵与乡村大地环境的融合。整个园林中展现出局部规整与自然风景融合折中的造园文化趋向，达到

1 2 3

1. 康斯坦布尔《大风的山谷》（1804 年）
2. 康斯坦布尔《霍尔的庄园》（1809 年）
3. 西迪恩花园、玫瑰花园、阿利庄园丰富的植物品种

自然、风貌、实用、如画过渡、植物园艺多元中的统一，这与17世纪的培根与坦普尔等的英国田园文学、法国风景画家普爽与洛兰、18世纪的英国风景画家特纳（Joseph Mallord William Turner）、康斯坦布尔（John Constable）等的自然风景绘画理念有关。

2.1.2 空间规划布局及特征

整体空间布局上呈现出前、中、后景的空间景深关系，园林往往是由前景功能平台的规整、中景公园的如画过渡、背景自然融入的乡村与大地构成的空间，反映了自然式风景园林是人工向自然的如画式艺术过渡的场所精神，其中与建筑相连的一部分空间是有功能需求的规整平台、栏杆与花园等构成前景；而大部分空间区域是由不同的园路连接风景画般的自然式过渡以及与主人爱好密切的类型众多的相关花园构成的中景公园；背景则是充分借景乡村大地、不设置封闭园墙而是通过“哈哈墙”的下沉使园林与乡村大地环境巧妙的融合，既区分了边界又融合了空间，在布局上具有自然美的生活、文化与精神属性的相融相合。

2.1.3 丰富的地貌与园艺植物组合配置

英国有广袤起伏的丘陵、变化丰富的地形地貌，除此之外低矮的云层、多雨的天气、海洋性的气候特别适宜各类不同植物的繁育与生长，而来自世界各地的、丰富的园林植物形成了英国园林中不同的自然式园艺配置形式与季相变化，对于自由与不定式的园林起到植物学上的强大支撑。植物的丰富主要是英国工业化革命与航海发展带来的与世界联通，众多的植物猎人和园艺达人们借助航海的发展从世界各地引种各类植物到气候适宜的英国，使英国从原生的1300种开花种植物到现在拥有几十万园艺植物品种，最终形成了英国的世界园林植物宝库。

2.1.4 园林庄园与花园的区域位置

英国的自然园林庄园花园大多位于乡村土地上，如布伦海姆宫、波维斯庄园、博德南特花园等；因为当时英国的乡村农业生产结构向牧场化、畜牧业方向发展，起伏变化的乡村大地上与自然的森林充满了风景画般的自然田园风光，于是贵族、乡绅、园艺爱好者等人们喜欢并找到生活在诗画般的乡村，这是大多的自然式园林花园建造在乡村的原因所在，人们以归隐与拥有乡村自然的花园而来的英国美妙乡村贵族生活而自豪，恰好应验了英国的灵魂在乡村的童话般的描述。

2.2 18世纪的英国自然风景园林的三个时期

2.2.1 斯维泽与布里基曼的自然式园林开创探索期（18世纪早期）

造园家斯维泽（1682—1745年）与布里基曼（1690—1738年）是自然式风景造园实践的开创与探索者，斯维泽首先开创了自然式风景园林的实践表达，在1742年的《乡村园林设计或贵族、绅士和园艺家们的娱乐》中提出乡村森林风格，园林应顺势而为，代表案例是霍华德城堡园林，斯维泽对自然与园林关系的认识与他的导师伦敦是不同的，他接受同时期田园文学家蒲柏（Alexander Pope）和艾迪生（Joseph Addison）的自然造园观念，在霍华德城堡原有巴洛克园林的基础上以蜿蜒小道联系着树林、建筑与广阔的自然风景，霍华德城堡园林被克里斯托弗·赫西（Christopher Hersey）称为英国规整园林向自然风景演化的转折期代表。而另一位造园家布里基曼设计与建设的斯陀园，是又一个划时代的巴洛克园林向自然式园林转变的经典园林，在约翰·范布勒设计的巴洛克风格基础上以自然的水系来分割空间与倒影风景，创造与实践了以隐藏的“哈哈墙”来建立花园与远处的乡村自然的联系，既设置了边界又融合了空间。斯维泽与布里基曼两人在18世纪的早期展现了打开视野与尊重场所的英国自然风景园林先锋造园的探索与实践。

2.2.2 肯特式“新古典自然式园林”成型期（18世纪早中期）

这是英国自然风景园林真正成型的第一个阶段，肯特（1685—1748年）是这一时期的杰出人物，1710年起在罗马学画10年，他在英国自然风景造园艺术中展示从规整美到自然美变化的极致追求，集中体现为一种“自然式园林庄园”风格的成型与完善。他的座右铭就是“自然讨厌直线”，用绘画的手法来描绘英国的自然式风景，如他对斯陀园的水系和希腊谷地的打造就是一个划时代的自然风景画般的创举，最终使斯陀园成为英国自然式风景园林的里程碑式作品。所以肯特是英国真正的自然式园林造园鼻祖，在园林设计中强调将园艺、林艺与农业成为庄园式园林实现自然风景化的途径、方法与组成，他在靠近建筑及入口处以修剪的规整绿篱园林、铺地平台，以水景雕塑、模纹花坛为主，然后逐渐通过大草坪、大树、花园与远处的自然林地、牧场、乡村等融合，这也使斯陀园与利兹城堡、宝尔势格庄园等成为古典自然式庄园园林的杰出代表。

1. 宝尔势格庄园的草坪、大道与远处的自然林地、山峦融为一体
2. 斯陀园湖光山色，构筑物与游览者之间的和谐

1

2

2.2.3 布朗式 “自然蜿蜒园林”的巅峰期（18世纪中后期）

布朗（1740—1780年）是18世纪中期英国自然风景派的一代宗师，是英国自然风景园林巅峰期的代表人物。他既是肯特的学生又是合作者，他继承肯特开创的自然蜿蜒风格并加以在200多个园林中实践成型，对水、对地形、对树林的布置一切按自然的手法加以处理。其园林设计的特点如下：房屋前方有直接相连的草坪坡地、低地中蜿蜒曲折的湖泊、坡上的林地、公园中有圆形的树丛、环绕公园与花园的马车路径等，他把普爽画中的自然景致变成了现实，如对布伦海姆宫（丘吉尔庄园）改造的湖区、谢菲尔德公园花园的湖区与植物设计、斯陀园的希腊谷地的地形与林地等都是他自然式画意园林的代表作，同时期银行家霍尔的斯托海德风景园也是这一时期自然式园林的又一巅峰之作。

3.如画“自然浪漫园林”时期（19世纪，约1794—1880年）

这是18世纪末期开始的自然园林的如画百年时期，以吉尔平、钱伯斯、路登、普莱斯、奈特、雷普顿为代表。虽然也是自然式园林，但与布朗的观点有所不同，他们是田园美的倡导者，包含了不规则、如画、浪漫与自然的要点，以田园风景画的前、中、背景为空间组织架构，与布朗的取消平台、简单的树丛有所区别。他们保留或建立了前景的平台、中景的公园、背景的自然与荒野，在如画园林中更强调狂野、多石、多林地的自然画面，也强调连接房屋平台的重要，使得空间更加生活、迷人与浪漫，强调公园的连接的景深，是整洁与狂野的过渡。钱伯斯1772年的《论东方园林》和吉尔平1782年的《如画风格之旅》、1792年的《论如画风格之美》都表露了这一点。另外，路登的花园式风格以及普莱斯、奈特、雷普顿的风格也都在强调这种自然与不规则的田园美与如画过渡，其实是一种迭代的自然风景园林风格，是将中世纪、文艺复兴、巴洛克园林与自然风景、浪漫主义要素组合的一种设计，使得功能更加完善，风景更加如画。我们总结下如画过渡的自然风景园林特征：前景是文艺复兴或巴洛克式的规整平台，中景是自然的公园与花园，背景是乡野大地的生态与自然。

1. 斯托海德风景园内植物与建筑形成巧妙呼应
2. 谢菲尔德公园花园的湖区植物的色彩和林冠线

4.自然风景的工艺美术园林时期（20世纪，约1880—1970年）

我把20世纪称为自然风景园林的工艺美术园林阶段，也是个性化园艺时代，其中工艺美术运动的领袖威廉·莫里斯，如画旅行家拉斯金、园艺家威廉·罗宾逊（William Robinson）、格特鲁德·杰基尔、路特恩斯等一起开创与引领了一种新的园艺生活方式，以自然的狂野、效仿自然为艺术趋向，用适应当地环境的乡土植物，特别是多年生草本与球宿根植物，以更加自然的方式种植，让各种植物相伴而生、自由生长，创造出一种充满了乡间浪漫情调的生活美学园林，在工艺美术园林规整与自然的结合中实现了园艺生活的优雅与飞速发展。

这个阶段特别值得一提的是花境。光芒四射且形式多样的花境成为这一时期花园里点亮空间的重要植物配置形式。现代花境起源于英国，花境一般沿着林缘、路缘或花园的边界线组合种植的多年生与球宿根园艺植物的组合，植物中有时也会有一些一年生的花卉点缀其中。工艺美术运动时期的英国花境更加兴盛与流行，前面提到的园艺家罗宾逊与雪莱·哈伯（Shirley Hibberd）以组丛状布置、以欣赏植物的自然特性为主，呈现出自然美的倾向。格特鲁德·杰基尔以成群种植，开创了一种景观优美的全新混合花境形式。

这也是英国造园艺术学派确立的个性化园艺时期，业余爱好在这一时期兴盛起来。许多“业余园丁”虽然没有接受过设计训练，却培养出十分卓著的园林设计技巧与造园技能，实现在自家花园中享受园艺生活的美好。园艺设计师、建筑设计师、地主设计师成为英国19 世纪末至20世纪的三类主要设计师，如许多富有的地主设计师们，知名的有维塔·萨克维尔-韦斯特（Vita Sackville-West）夫妇的西辛赫斯特庄园和梅杰·劳伦斯·约翰斯顿（Major Lawrence Johnston）的希德蔻特庄园花园，内森尼尔·克

1 2 3 4

1. 赫弗堡花园、沃特佩里花园、凯尔沃庄园花园的混合花境
2. 西辛赫斯特庄园建筑与花园
3. 大迪克斯特豪宅花园的混合花境
4. 希德蔻特庄园花园著名的整形小鸟紫杉篱

劳德（Nathanial Lloyd）与妻子的大迪克斯特豪宅（Great Dixter）。人人喜爱园艺中成就了英国自然风景园林的传播、影响与渗透，有趣的造园实践与园艺艺术融入生活并使生活更加优雅、人际社会交流更加频繁，园艺品种也随之更加丰富。痴迷园丁、植物猎人、跨界融合的花园主如雨春笋般散落英伦列岛，成就了工艺美术园林中的自然园艺美学的特立独行与自由发挥，促进了地主打造自身园林的想法与实践。

5.多样化园林时期（约1925年至今）

英国从20世纪开始出现了多种形式的园林，进入了抽象现代主义、后抽象及绿色可持续园林的时代，当今的英国风景造园又加入了现代、抽象、自然、创意与可持续发展的主题，具有现代艺术色彩的企业家、教育家和职业设计师、造园家、花艺师、育种师逐渐成为一个专门和固定的园艺造园职业和产业（商业与经济、教育与艺术、设计与实践的不可或分），英国人人都是园丁由此得名。如伊恩·波拉德是一位后抽象园林的代表，个性化现代伊甸园（Abbey House Gardens）是他与妻子芭芭拉的后抽象园林的杰出表达；科瑞斯·古斯塔夫生（Kathryn Gustafson）的戴安娜纪念喷泉（Diana Memorial Fountain）公园同样也是，但与英国18世纪的自然风景园林相比还是显得渺小与碎片化，所以英国园林特别是自然式风景园林在世界园林体系中的独树一帜不是偶然的，为都市田园规划提供了理论与实践基础，如奥姆斯特德的田园都市规划理论。

对英国园林的研究探索有利于东西方园林的互学与借鉴，可以为城市规划、公园建设、花园人居提供英国经验。如英国18 世纪的自然式风景园林不同于中国的带有围墙的传统园林、法国的勒诺特尔式规整园林、意大利的台地园林，是独树一帜的精细与狂野相结合的自然式风景园林，是人与自然和谐共鸣的一种居住、生存、发展的文明。而其他阶段的园林同样是壮阔的人与自然发展中的文明积淀。所以探究英国园林形成的历史、社会、艺术、自然等因素对当下的风景园林发展依旧有非常重要的作用。

英国自然式风景园林的形成有其必然的成因，强调了人对自然的认识，强调自然是最伟大的艺术形态，追求“田园风般自然”“风景画般景色”和“园艺画般美学”的高度与境界；不同思想交织的英国庄园园林有时兼容了各时期园林风格在一个空间里，是源于不同社会时期的自然观、生活观、艺术观和由丰富园艺品种支撑的造园基础，所以英国园林钟情于纯自然之美，又呈现出以不同时期园林风格主题、理性、客观、艺术的写实，其造园手法原原本本地把大自然的构景要素经过艺术的组合、审美情感的投入，巧妙融合于被再现的可持续的、有创意的风景园林之中，从而满足时代发展的需要。

1 2

1. 海德公园内戴安娜纪念喷泉的个性化设计
2. 个性化现代伊甸园的个性化设计

城堡花园

英国大型的城堡与宫殿承载着英国的历史与人文，有的与王室有关联，如汉普顿宫的亨利八世、设计师布朗等；有的与封地有关联，如布伦海姆宫，是安妮王妃在布伦海姆战役胜利后对丘吉尔的赏封。

这类园林占地面积往往较大，投入的人力、物力和财力较多。通常保留和混搭了一个或多个时代的文化与园林风格烙印，往往是一个或多个设计师智慧的结晶，是几代人的成果，已成为英国园林发展史上的瑰宝。由于这类案例较多，影响力较大，因此又分为城堡花园与庄园花园。

Arundel Castle
阿伦德尔城堡

你的心情可以在壮观的花园里翱翔

最令人兴奋的是

花朵在意大利收藏家的伯爵花园里

在飞溅着的水面上跳舞

建筑设计师：阿伦德尔伯爵罗杰·德·蒙哥马利

目前属于：诺福克公爵及其家族

阿伦德尔城堡是英国一级历史保护建筑，位于英格兰西萨塞克斯郡（West Sussex），是一座经过修复后的中世纪城堡，至今已经有超过950年的历史了。

城堡建于爱德华统治时期（1042—1066年），并由第一任阿伦德尔伯爵罗杰·德·蒙哥马利进行修缮，在英国内战期间城堡被毁，18、19世纪重新修复。从11世纪开始，城堡一直作为多个家族的世袭庄园，目前主要属于诺福克公爵及其家族。

一个深邃、久远的古堡及花园镶嵌在现代文明的生活中，并向参观者讲述着往日城堡庄园的辉煌和不为人知的事迹。

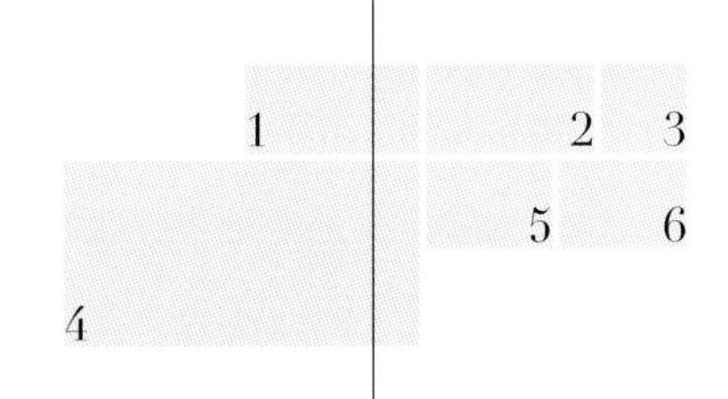

1. 城堡入口
2. 从城堡俯视内庭布局简单对称
3. 花是美好的，轮回着生命的同伴
4. 花朵衬托下的城堡，坚固、刚硬中增加了柔和的气息
5. 花园边缘的坐凳等着游客的前来
6. 成片的野花凸显了阿伦德尔城堡的巍峨

进入城堡时，古老的城墙边遍布着炫彩的草花，沧桑与绚丽的对比更直观地感受到这儿曾经发生过的历史战争的残酷，也看到了冷兵器时代的城堡防御战争的建筑方式与配置。

城堡的花园风格是詹姆士一世时期风格。穿过城堡中心，一路上有许多花园，如意大利水花园、玫瑰花园、花境花园、教堂花园、厨房花园等，一切都是那样的生机勃勃。其中，最美丽的是意大利水园，有着迷人的细节，无论是台地跌水的檐口，还是各种柱廊细部雕刻、花钵的装饰图案以及植物的搭配，狮子喷泉水景就像一幅有着浓厚特色的画作一样精妙绝伦，小鸟都被这场景所吸引，听着潺潺流水，更像是躲开尘世纷扰，还你一片清净世界，静谧悠远。教堂前

的花园中心以花圃为界，花园的地形呈微小的起伏，植物生长高低不一错落有致，形成葱茏的立体种植结构，在这个宁静而美丽的花园，如茵的草坪上，精心修剪过的花草树木生长茂盛，西半部开辟成蔬菜园，建有观赏与应用兼顾的维多利亚式温室。

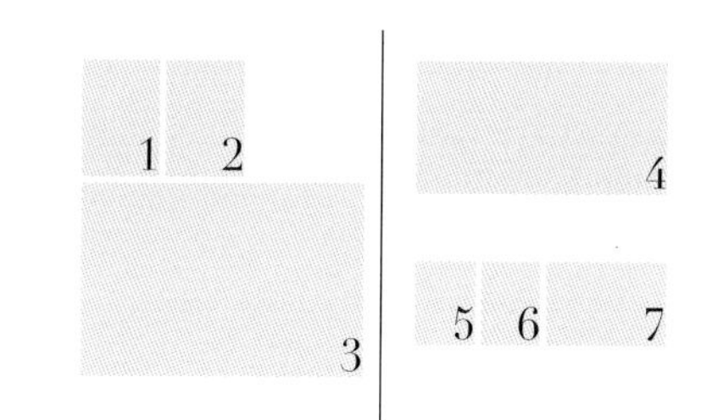

1. 停留在跌水上的野鸭
2. 具有皇家气势的特色流水花钵
3. 狮子喷泉正面全景
4. 成片的各色水仙花和远处的教堂
5. 在亭子里远眺教堂
6. 绿荫覆盖的长廊
7. 通往教堂的一条花境小道

1. 庭院花园沙砾路两侧的紫花鼠尾草增添春日的浪漫
2. 玻璃苣
3. 花葱
4. 从斑驳的石墙上生长出的野花，是生命的印记

1	2
3	4

1. 颇有特色的室外城堡商店，提供沉浸式体验和展示
2. 城堡定期举办活动
3. 人们在鲜花盛开中徜徉
4. 从山坡上延伸至山脚下的缀花草地

历史与文化：这个城堡有很多不同阶段的历史与文化让我们流连忘返，在了解中世纪文化历史背景下去感受当时的地域文化气质，并参加当地的一些沉浸式花园活动，让自己融入曾经的历史氛围中。如在林缘的草坪花园就有当年的战争场景表演，可以扮演士兵体验穿梭在历史与现实中的征战旅途。

园林与场景：这个城堡花园不仅有玫瑰园、教堂前花园、意大利花园、郁郁葱葱的林缘花境等观赏花园，还在花园里提供了当年中世纪各种可能的沉浸式场景体验。你在花园场景里可看着一朵朵曾经生长在战争边缘的花草，体验穿越时光的感觉，珍惜花园带来的和平、和谐和美好。

Blenheim Palace
布伦海姆宫

宫殿引人入胜的历史

壮观的公园绿地景观

法式花园的美景

以及丰富多样的特别活动与体验

让每一个游览者都沉浸在愉快的氛围中

给每个人带来各种趣味体验

建筑设计师：约翰 · 范布勒（John Vanbrugh）参与早期的园林设计
亨利 · 怀斯（Henry Wise）花园早期设计
18 世纪 60 年代，朗塞洛特 · 布朗（Lancelot Brown）改造
20 世纪早期，法国新古典主义园林设计家阿奇利 · 杜尚尼（Achille Duchêne）建立新的规则式花园

1 宫殿
2 意大利花园
3 梯田式水景园
4 神秘花园
5 康复庙
6 圆盘
7 玫瑰花园
8 林园
9 瀑布
10 船屋
11 戴安娜殿（丘吉尔纪念花园）
12 宫殿火车站
13 快乐花园
14 凡布鲁大桥
15 伍德斯托克皇家庄园
16 胜利纪念柱
17 巴拉顿桥
18 肯辛顿大门
19 车辆出口
20 伍德斯托克

布伦海姆宫位于英国牛津郡伍德斯托克镇，占地2100英亩（约850公顷），是英国最为著名的私家庄园之一，于1987年被联合国教科文组织列为世界文化遗产，庄园将英国乡村田园景色、法式浪漫园林和巴洛克风格建筑极致地融为一体，是乡村宫殿花园的典范。

我在对“英国园林概述——‘时间轴上’的英国园林发展史”章节中谈到英国最早自然风景的“庄园式园林时期”，布伦海姆宫（又名丘吉尔庄园）就是一个典型案例。这是一个大气又不失典雅的园林式庄园，它是庄园式园林最美的代表作之一，庄园里建造了许多美丽的不同主题的花园。

布伦海姆宫建于1705年，于1722年完工。安妮王妃将牛津附近数百公顷的皇家猎场赐予了首相温斯顿·丘吉尔的高祖父——马尔伯罗一世公爵约翰·丘吉尔，为了表彰他1704年8月在布伦海姆击败法军的赫赫战绩。伍德斯托克的王室荣誉称号及该建筑物均由女王陛下安妮赐予，安妮王妃还表

1. 布伦海姆宫入口
2. 入口处的湖泊与草坪，典型的英国风景园
3. 草地上的孤植树在那里守望多年

示，英国能在战场上打败法国，在建筑及园林方面也应高出法国一筹，这为庄园建设提供了强有力的皇室支持。同时女王赐名为布伦海姆宫，以纪念布伦海姆战役的胜利。100多年后，英国前首相温斯顿·丘吉尔诞生于此。

布伦海姆宫由著名的建筑大师约翰·范布勒（John Vanbrugh）花了整整17年才全部建成，花园的雏形也是由范布勒与安妮王妃的园艺式亨利·怀斯（Henry Wise）合作完成，花园采用勒诺特尔式样。府邸入口前方有宽阔的山谷，山谷中是河流与沼泽地，范布勒坚持在山谷中建一个欧洲最雄伟的庄园桥，于是便有了超大尺度的帕拉迪奥式的桥梁。

18世纪60年代，被称为“自然风景造园之王”的布朗接手花园的改造，除了保留范布勒设计的桥和宫殿一直向北延伸的规则式狭长的大道景色外，进行了大刀阔斧的改造。布朗杜绝直线，将规则的水池恢复为自然式湖岸，去除了府邸南面过于精细的花坛；拆除围墙与规则的台阶，重新塑造了地形并引进一大片草坡一直延伸到建筑边，就是他所奉行的“草地铺到门口”（grass the very door）的自然手法；他对湖水加以改造，使水面上升，形成了连续的水面，也改善了桥的两个桥墩的关系。20世纪早期，法国新古典主义园林设计家阿奇利·杜尚尼在宫殿周围建立了新的规则式花园。我们今天

1

2
3 4

1. 近景深秋橘色的树叶，中景斑驳锈色的建筑周围留出草坪做留白，远处林冠线的空间关系，疏密得当
2. 建筑的色彩与层林尽染的背景树，仿若一幅油画般
3. 重新塑造地形，将一大片草坡延伸至建筑边
4. 休憩设施尽量朴素

所看到布伦海姆宫，是多位造园家审美和智慧的集合。

天才设计师们的平面布局充分展示了英国贵族喜欢回归自然、回归田园、享受乡村天然的宁静与舒适的一种设计理念，最后建成了大气、经典、生活、自然的桃花源般的美丽庄园。所以英国的贵族庄园完全是远离都市喧嚣、回归乡村宁静的生活，他们更愿意做“乡下人”“花匠”，过田园生活，与中国追寻的桃花源情结相似。我们说英国的灵魂在乡村名副其实，布伦海姆宫就是典型的有灵魂的英国式乡村庄园。庄园蕴含并展示着英伦时雨时晴的气候及延绵不断的起伏地形、自然植被的错落有致、广阔牧场下的牛羊成群，人与自然和谐的天然风景画般美景等。

入口引导花园

通过宏伟大门柱进入庄园，仿佛打开了一幅绝妙自然风景画，映入眼帘的是中间一条长长的马道和侧旁高大挺拔的大树及大树后一望无垠的布朗设计的绵延草地、湖泊、岛屿和盛开的杜鹃花，顺着大道一路通往前面的金色宫殿——布伦海姆宫。

1 2 3

1. 初夏和秋天的湖区景观，不同的季节，不同的韵味
2. 恢宏的皇家室内布置
3. 宫殿正对的草坪景观

布伦海姆宫和广场

古堡宫殿前矗立着巨大圆石柱的拱形门廊气势非凡，精雕细镂镶着明黄图案的铁门呈现出古典的美感。布伦海姆宫虽然是英国唯一不属于王室的宫殿，却被誉为最精美的巴洛克式宫殿之一，是安妮王妃亲自奖赏要超越法国的宫殿。

台地水景园

布伦海姆宫的庭园花园非常著名，如法式水景园、意大利园、开心迷宫园、玫瑰园与秘密花园、瀑布花园和天鹅湖园。所有花园都精彩绝伦，美不胜收。在台地花园下面，有一堵荷花叠水景墙特别有范，景墙内雕刻的荷花，每一层都可用来喷水，同时开启，荷花滴水栩栩如生。

1. 宫殿旁的水景园
2. 喷泉细密的水珠飞散出来
3. 水景园与台地花园的衔接通过荷花跌水景墙作为空间转换
4. 它的威仪，它的优雅，它的隽永，就这样——定格
5. 两侧的草坪和绿篱为规则式，对景方正的水景和修剪规则的造型树
6. 人工水景往下，便是自然的湖面，“柳暗花明又一村”的豁然开朗。人工与自然的完美结合
7. 花钵里是养护期的草花等待重新发新芽
8. 动物与人像结合的雕塑作品，传达西方艺术和信仰

意大利花园

宫殿的西面，是精美的“意大利花园”，由英国建筑大师范布勒爵士设计的巨大几何形花坛，花坛中是生长的花卉，花园还有著名意大利雕塑家贝尼尼制作的水神喷泉，古罗马雕塑更是栩栩如生、典雅高尚，旁边则是休闲茶室，在英式下午茶时光里悠闲人生，做个快乐的“乡下人”。有各种各样的路线可以探索整个公园和花园，沿着公园周边的道路走一走，会发现生活在这里的许多野生动物怡然自得、悠哉游哉。

指示牌告诉游人，欣赏花园的最美角度，以及在花园里能探索到哪些野生动物

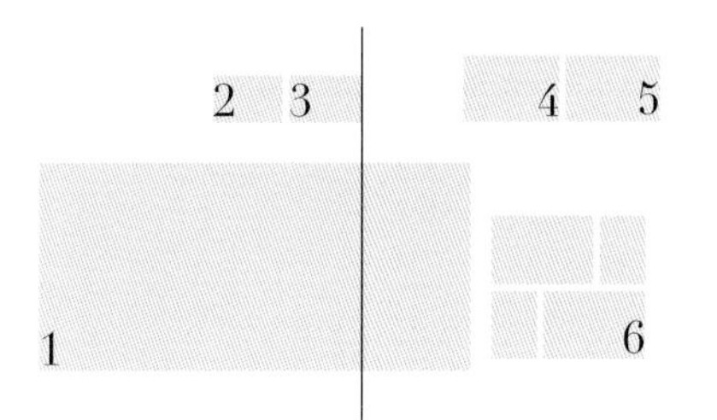

1. 意大利园的水盘，金色的雕塑水景显示意大利园的奢华气质
2. 深秋落叶洒在草坪上，一侧修剪整齐的绿篱和动物的造型，庄重而富有趣味性
3. 每个花园生机勃勃的背后都离不开这些相当专业的园艺养护工作者
4. 偶尔的白鹭掠过上空
5. 与指示牌里的野鸡不期而遇
6. 雕塑在这里随处可见，散落在各个角落的雕像，标志象征着军队的英勇顽强和军人的荣耀

1 2 3 4 5 6

1. “哈哈墙”的一种处理方式
2. 小火车穿过平原、穿过树林，景观就是要有参与性和趣味性
3. 英国花园最大的特色就是参与和体验
4. 迷宫的中心区域，空间的上下错落
5. 开放的草坪，是孩子们最好的游乐场
6. 空中鸟瞰迷宫

开心花园

和主宫殿之间有一定距离，因此有交通工具进行串联，是一辆有铁轨的小货车，穿梭在大树和草坪间，非常吸引小朋友和游客们的目光。开心花园（Pleasure Garden）由马尔堡迷宫（Marlborough Maze）、香薰园（Lavender Garden）和花圃组成。娱乐与采购活动多姿多彩，吸引着花迷和孩子们，这是完全有别于意大利花园的空间，设计师充分展现了童心未泯，让参观者瞬间回到孩提时代。

马尔堡迷宫

由3000棵紫杉树组成，是世界上第二大象征性树篱迷宫。“V”形树篱的设计似乎在向出生在这里的丘吉尔致敬。迷宫中央有两座高架木桥，站在桥上可以一览无余地俯瞰整个迷宫。迷宫花园能开动大脑的乐趣和经验，探索迷宫是愉快、神奇有趣的过程。

瀑布花园

这里有巧妙控制水位的美景飞瀑。瀑布花园利用水和瀑布蒸腾的水汽，制造一个湿润的环境，这里的植物也采用了部分水生植物，游客可以站在桥上参观体验。

玫瑰花园及森林绿廊

大草坪远端的森林入口处有森林之道引人入内，据说丘吉尔求婚时就是在这个玫瑰花园内，可见花园的浪漫气息。

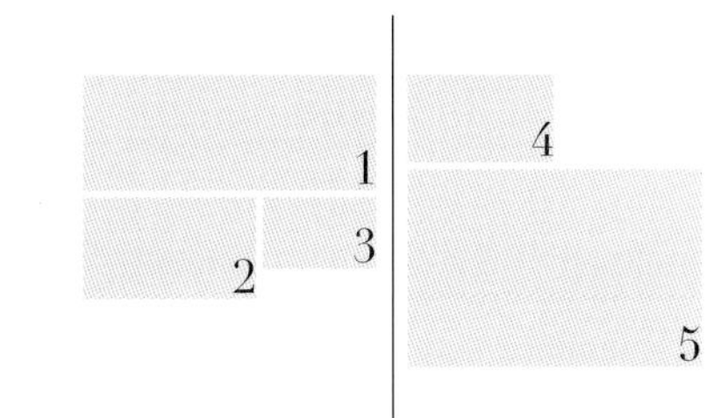

1. 百年参天大树形成的森林绿廊
2. 草坪上盛开的郁金香
3. 列植的树与草坪
4. 通往瀑布花园的景观桥
5. 瀑布花园里，一切都是那么贴近自然

草坪大花园及其他花园

宫殿南面是辽阔柔软，可进行各类活动的大草坪，远处是参天大树和一望无际的湛蓝天空。参天大树后隐藏着秘密花园、玫瑰花园与瀑布花园。

沿意大利园前行约100米的森林中有一个花草丰富的四季花园，蜿蜒小路让人徜徉其间，森林氧吧、花草淡香，林间阳光透射、鸟鸣连连。

1. 在柔软的草甸上呼吸着泥土的清香
2. 远处的山作为草坪的背景
3. 秘密花园的园路与花架的尺度都相应缩小
4. 花园转角的雕塑

1
2

1. 孤植树形成的主景，背后的建筑成为背景
2. 草坪和乔木种植群落的分布关系

1. 大树下的停留空间，也尽量减少人工设计的痕迹，让人们更贴近自然
2. 平淡而自然的风景，就让人波澜不惊地愉悦起来。倘若是能够住在这里，或者附近，每天来走一走，人生该是多么美妙
3. 纤细而优美的桥
4. 喝水的白天鹅
5. 云杉的灰绿色叶片

北部大花园

布伦海姆宫北面拱门外面，是辽阔绿草地、湖泊和一望无际的湛蓝天空。草地中间是一条宽阔的甬道，直通尽头高耸的“胜利之柱”。天鹅、水鸟、大雁时而飞翔湖中及天空、时而悠闲地在湖畔的草坡上漫步，而草坡上绵羊成群，远远望去，像朵朵飘落在草坡上的白云。

远离喧嚣，回归宁静的“乡村”一直是英国永恒的灵魂与主题，深藏在乡下的布伦海姆宫就是理想的桃花源。行走其中，可以踩着柔软的青草地，闻着扑面而来的淡淡的青草味夹杂时浓时淡的花香。可以在庄园里的湖泊边散步，在自然生长的参天大树林荫下行走。

1 2

1. “胜利之柱”
2. 排队散步的野鸭，人与自然的和谐

位于牛津郡的布伦海姆宫是“庄园式园林时期”的代表作之一，布朗作为自然风景园时期的杰出造园师，改造的布伦海姆宫花园是其自然风景园的成熟与巅峰的作品之一，完整地呈现了“布朗园林”的特点。入口广阔的水面给花园带来开阔的视野，缓坡草地随意点缀着树丛，这些宏达、开阔、明朗造就了传世的英国自然风景园林，庄园里还有其他设计师的规整园林历史的痕迹延续。

布伦海姆宫是研究英国乡村、历史、建筑、园林、生活与自然和谐的场所空间。一直说“英国的灵魂在乡村”，布伦海姆宫就是典型的英国乡村自然风景园代表，乡村不仅让人们充满了罗曼蒂克的向往，乡村生活还是英国人追求的最理想的桃花源般生活方式：在此散步、放松、思考的生活令人神往。

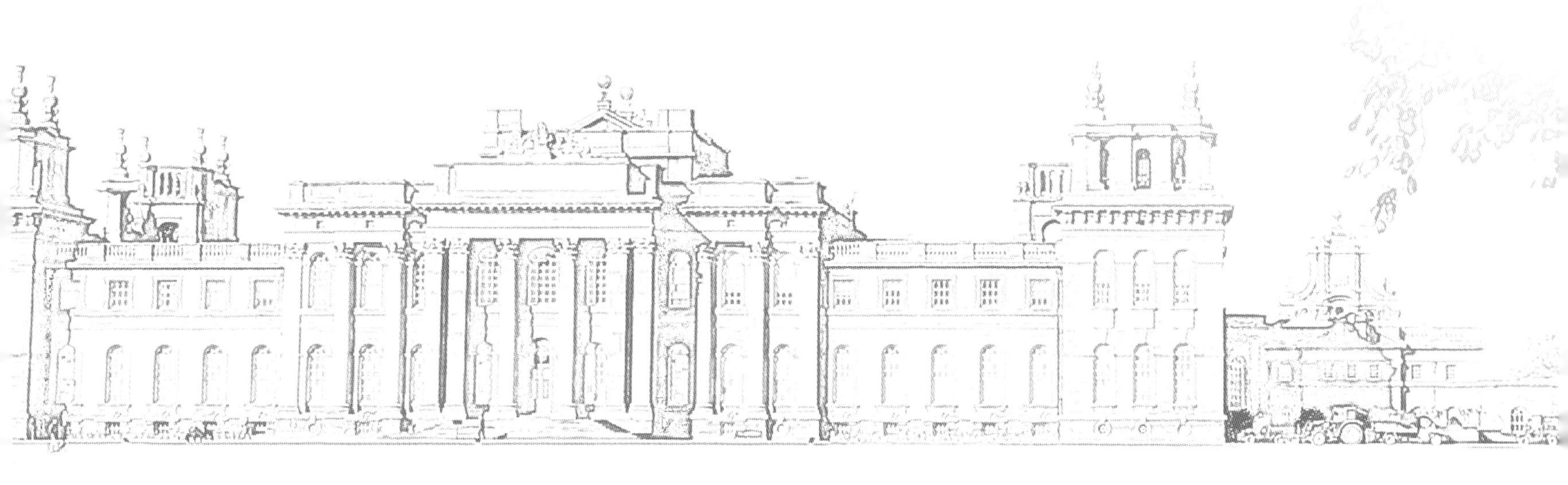

Castle Ashby Gardens

阿什堡花园

漫步在花园里

仿若漫步在历史中

在这个占地 10000 亩（约 667 公顷）的城堡里

有一个 35 英亩（约 14 公顷）的大花园

它由多种风格的小花园组合而成

包括浪漫的意大利园

独特的温室和令人印象深刻的植物园等

建筑设计师：亨利 · 康普顿（Henry Compton）
温室建筑设计师：马修 · 迪格比 · 怀亚特（Matthew Digby Wyatt）
目前由第七侯爵的儿子康普顿伯爵传承

阿什堡花园位于北安普顿近郊，建筑于16世纪初期建成，这一切都得益于亨利·康普顿（Henry Compton）的工作，城堡目前由第七侯爵的儿子康普顿伯爵传承家族传统继续管理。几百年来城堡的花园不断更新和修复，让所有人都可以感受到来自这座城堡花园的美。

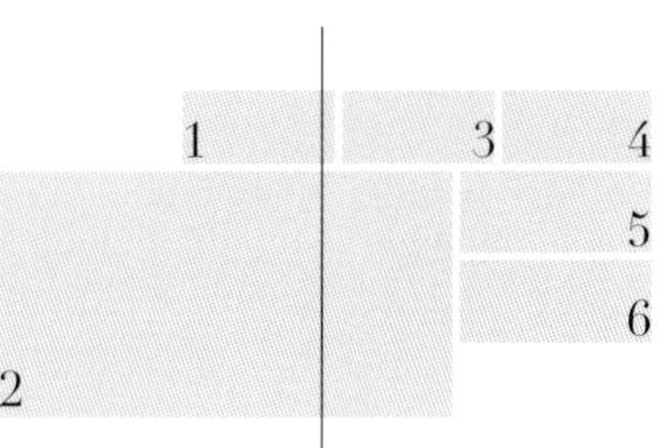

1. 低调自然的花园边门入口
2. 广阔的空间，沙沙作响的园路，和周边的一切，带领人走进这个花园
3. 进入花园之前的休闲区，然后到达广阔的空间
4. 种植红色草花的花钵，点亮了一片绿篱的背景
5. 花园中轴线的景观，修剪的绿篱强化轴线的秩序感，道路尽头的拱门景墙形成端景
6. 轴线端头的玻璃花房

阿什堡的修建历经数十年，整体设计成大写的“E”形，是为了纪念女王伊丽莎白一世（Queen Elizabeth I）的加冕典礼而设计的，建筑前后的草坪精心修剪成了条纹状，尽显城堡的端庄与奢华。

由建筑师马修·迪格比·怀亚特（Matthew Digby Wyatt）设计的独特温室可追溯到1872年。这是一个很特别

的温室，它在一座经典的维多利亚式建筑中，温室中心有一个大池塘，里面有各种各样的小鱼和大量的睡莲，植物则由桉树、榕树、无花果、山茶和不同品种的樱草组成。富有历史感的墙体、欧式的室内细节和郁郁葱葱的植物，让人仿佛穿越到英国的古典小说中。

花园的特色非常明显，道路两侧是修剪成圆锥状的高大紫杉，对称又具有仪式感。

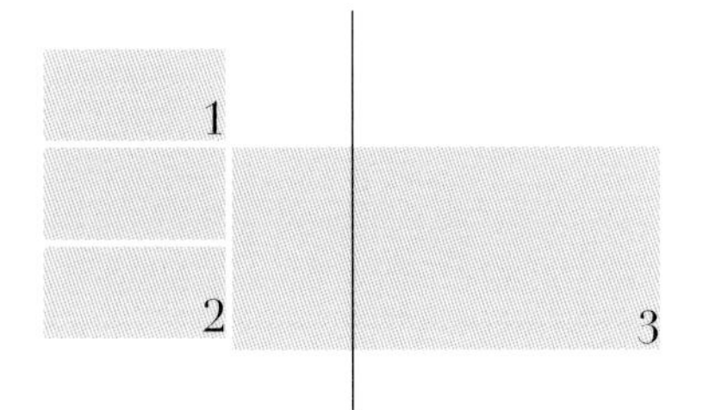

1. 红色砖墙也是一道风景
2. 草坪与边缘植物的搭配
3. 规则式的草花种植与绿篱修剪

1. 花园围墙边缘种植
2. 鲜花簇拥下的亭子
3. 圆形水池和水池中心的花钵
4. 野趣花园中的小木亭周边的植物配置

植物花园，可以领略到植物的魅力，尤其是蓝紫色彩冷调。在花圃的中心可以选购一些花花草草，并带回自己的花园中，是很多英国人生活的一部分。花园也已经成为融入英国人生命的重要部分。

1. 城堡花园的边界，草坪上点缀的花境
2. 城堡花园的园艺中心礼品店，选一份心仪的植物盆栽带回家
3. 城堡花园的边界，用一圈花境作为草坪与道路的隔离
4. 笔直的朴素的砂砾路和大草坪，英国花园的标配

阿什堡花园隐藏在北安近郊的庄园中，建筑部分是不对外开放的，仅仅开放的花园区就足够逛一天。里面有河流，有教堂，有玻璃花房，更有自世界各地的花花草草组成这片数百年历史的花园。

在这里，感受到的不只是英国园林精致的美感和花境植物层次错落的布局，更突显了规整与自然的结合。周边树林与建筑不断围合形成不同的前庭大园与后场精美主题花园，然后延伸向更宽广的林园与乡村旷野之美。英国园林的美和中国园林的美是异曲同工的，但意境有所不同，英国园林像午后的甜点那般赏心悦目、色彩斑斓，在规整及主题中不断切换；而中国园林则表现出天人合一、道法自然的意境心灵之美！所以阿什堡的前庭花园规则、有序、仪式化，后场的小花园却精致、风雅、自由诗意，连接乡村的公园宏大壮阔，体现了如画浪漫的庄园情调。

Howard Castle
霍华德城堡

约克郡郊外的霍华德城堡

一本权威的旅行指南如是评价

“在英格兰，雄伟的庄园到处都是

但是你很难找到一处像

霍华德城堡这样美得惊心动魄的建筑”

建筑设计师：约翰·范布勒和尼古拉斯·霍克斯穆尔（Nicholas Hawksmoor）
中央花园英国园林设计师：纳斯菲尔德（William Andrews Nesfield）
园林设计师：威廉·安德鲁斯·斯菲尔德 1850 年设计喷泉雕塑——阿特拉斯喷泉，伦敦作园林咨询
斯维泽（Switzer Stephen）设计与改造园林，约翰·范布勒（John Vanbrugh）参与园林设计
为历代霍华德家族所拥有并居住

1. 城堡
2. 喷泉花园
3. 野猪花园
4. 庭园花园
5. 园艺中心
6. 围墙花园
7. 湖泊及喷泉
8. 神殿
9. 丛林
10. 冒险乐园
11. 船屋及咖啡厅

霍华德城堡在约克市东北部，为历代霍华德家族所拥有并居住。这座城堡最早由第三代卡莱尔伯爵查尔斯建造。他于1692年受封后，委托建筑师约翰·范布勒和尼古拉斯·霍克斯穆尔（Nicholas Hawksmoor）兴建了这座豪华的巴洛克式霍华德城堡，城堡也是设计大师范布勒的第一个作品。

虽然城堡离约克并不算远，但是公共交通很不方便。也许正因如此，霍华德城堡当年似乎没有成为大热的景点，它恰如深山幽谷中静默开放的百合，散发着低敛而震撼的美。

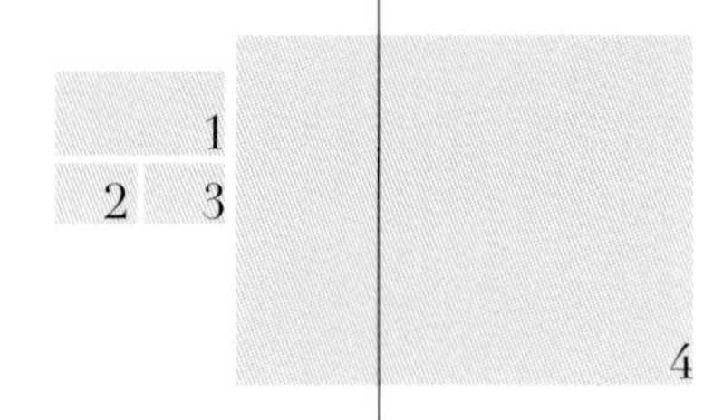

1. 乌云飘过又晴空万里了
2. 宫殿一侧的草坪，随意放置的桌椅，让人融入其中
3. 宫殿中心轴线花园对景阿特拉斯喷泉
4. 低沉的乌云增加了历史的厚重感

霍华德城堡主体建筑为巴洛克风格，拥有帕拉第奥式翼楼以及宏伟的穹顶，工整、对称、气势恢宏。霍华德城堡的花园由城堡正立面向两侧延伸，是从绝对规整对称的巴洛克园林渐渐向自然打开的过程。正对主体建筑的是喷泉花园，这里有霍华德城堡最著名的喷泉雕塑——阿特拉

1. 参天大树和开敞的草坪，举办婚礼的好地方
2. 《故园风雨后》同名小说改编的英剧和电影的拍摄地，身临其境，恍若故地重游
3. 庭园花园尽头
4. 秋海棠属的植物拼成的模纹花坛
5. 围墙花园，通过花境软化边界的同时具有观赏作用

斯喷泉，是1850年由园林设计师威廉·安德鲁斯·斯菲尔德设计。喷泉的比例尺度无论在哪个角度看，与城堡、与周边斯维泽打造的自然景物都极为和谐。

斯维泽对自然与园林关系的认识与他的导师伦敦不同，他接受同时期田园文学家蒲柏（Alexander Pope）和艾迪生（Joseph Addison）的自然造园观念，在霍华德城堡原有巴洛克园林的基础上以蜿蜒的园林小道联系着城堡、四风圣堂、山毛榉树林、水系与广阔的自然风景，最终斯维泽设计与改变的霍华德城堡园林被克里斯托弗·赫西（Christopher Hersey）称为英国规整园林向自然风景演化的转折期代表，使霍华德城堡园林成了英国自然式风景园林的经典。

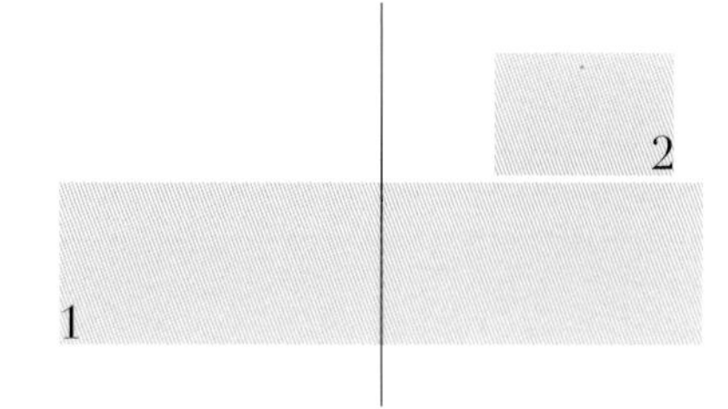

1. 霍华德城堡面对约克郡广袤的森林和湖泊
2. 自然林地看向巴洛克风格的霍华德城堡主堡，并形成倒影

1 2
3 4

5

1. 沧桑的石桥指引着远方
2. 湖边的一片森林
3. 乔木的层次围合作为屏障，自然运河引入园林
4. 远处高地上一片森林连绵起伏
5. 花园里放置座椅供游客拍照

园林设计师斯维泽在《乡村园林设计或贵族、绅士和园艺家们的娱乐》（*Ichnographia Rustica, or, the Nobleman, Gentleman and Gardener's Recreation*）中描绘了园林的景象，而霍华德城堡的园林就是如此：远处是大片的湖水与大片的草地，还有远处英伦特有的起伏的地形，都勾勒出一种特有的英式古典气息。四季神殿就坐落在草地和大树包裹的尽头，精致而美丽，这座神殿是由约翰·范布勒设计。在霍华德城堡中还有18座雕塑，它们各个栩栩如生、惟妙惟肖，成为花园中的点睛之笔和被时光记录下的珍贵艺术品。电影《故园风雨后》（*Brideshead Revisited*）中的霍华德城堡，拥有雄伟的建筑、广袤的草地、高大的树林，城堡内的湖泊是从自然河流中扩建而来的，倒映着花园的景色，彰显气势磅礴。

Castle Howard
YORK

暖色的、雄伟的霍华德城堡坐落在如画风景之中，静静屹立在草坪上，仿佛从土地里长出来一样，平稳的宫殿建筑和周围的花园再现了英国艺术的审美趣味和生活场景的活态再现。

建筑延伸的草坪的尽头是大片的森林、大片的湖水，大片的森林中有杜鹃的独特魅力，而大片的湖水则有飞羽水鸟，像是在童话故事里的场景。不同的小品建筑、不同的花园也分布在大空间里，与自然的优美曲线融为一体，让人陶醉、令人神往。

Hampton Court Palace
汉普顿宫

来自世界各地的观赏者

惊叹于皇宫的雄伟及充满魅力的花园

1515 年，托马斯 · 沃尔西开始建筑
1529 年，亨利八世进驻此宫并开始扩建
17 世纪末期，克利斯托弗 · 莱恩（Christopher Wren）修建了部分
1768 年，园林设计师：朗塞洛特 · 布朗（Lancelot Brown）

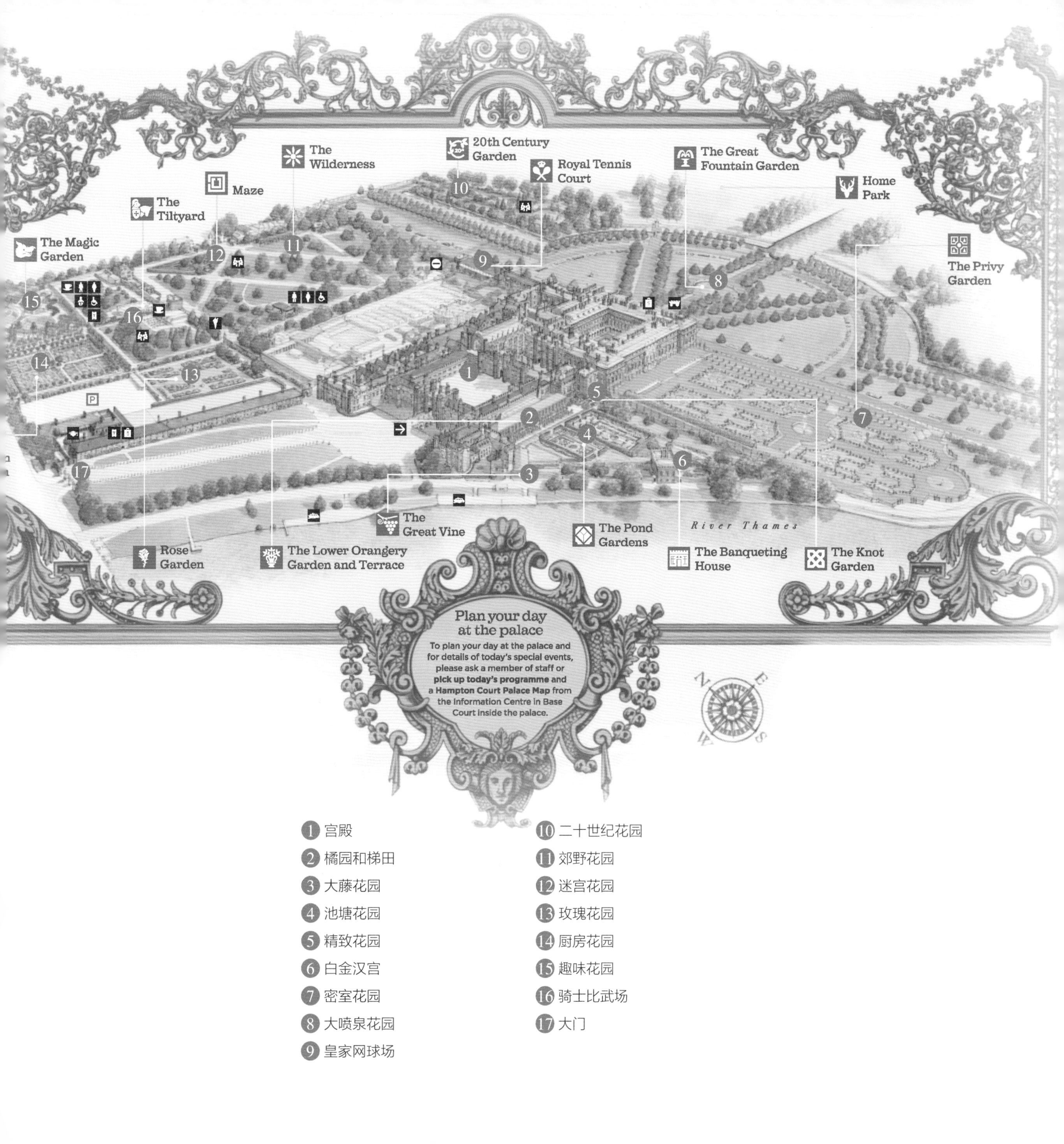

1. 宫殿
2. 橘园和梯田
3. 大藤花园
4. 池塘花园
5. 精致花园
6. 白金汉宫
7. 密室花园
8. 大喷泉花园
9. 皇家网球场
10. 二十世纪花园
11. 郊野花园
12. 迷宫花园
13. 玫瑰花园
14. 厨房花园
15. 趣味花园
16. 骑士比武场
17. 大门

汉普顿宫素有“英国的凡尔赛宫”之称，建于文艺复兴时期的1515年，是英国国王亨利八世为托马斯·沃尔西（大法官和主理国务的大臣）建造的宫殿。后来在托马斯·沃尔西触怒到亨利八世后，该宫殿被收为王室所有，修建之初据说就是当时世界上最为华丽的建筑以及让人流连忘返的花园。

尽管从18世纪起王室就不住在这所宫殿里了，但它却保留着王室建筑的风格，且堪称都铎式王宫的典范。内有规则的玫瑰花园、大喷泉花园和橘园、异兽花园等多座花园，景色绮丽。

1

2

3

1. 进入宫殿的主干道和草坪上悠闲的游人
2. 气势恢宏的紫杉树阵
3. 铺着金色砾石的大道和都铎王朝式建筑相得益彰，色彩和谐

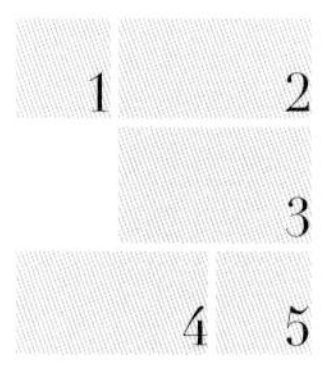

1. 从轴线花园欣赏宫殿
2. 即使精心修剪的草坪，也是可以让游人随意走入贴近自然，修剪造型的紫杉作为背景
3. 皇室后花园的喷泉
4. 模纹花坛可见西方美学思想
5. 台地高差的处理与草坪护坡及下台地的秘密花园

汉普顿宫花园是典型的英国规整庭园，整体规划宏伟壮丽但又不失精巧细致，每个花园都是不同的几何图形样式，外围搭配着广袤的开阔地，花园内部种植丰富的草花和乔木品种，徜徉其间，有一种在宫殿精致生活又不失野趣的体验。

1. 宫殿侧面的秘密花园
2. 各种灌木都被修剪成不同的几何造型

汉普顿宫向世人展示了截然不同的两面，西面展现了文艺复兴时期园林艺术的辉煌特色以及亨利八世时代都铎式王宫精华荟萃的魅力，而后花园则描绘了恢宏壮丽的巴洛克遗风。

汉普顿宫花园最有名的大概是道路两边成排的圆锥形的紫杉，路的下方则是保持原有风貌的花坛，中间是通向圆形喷泉水池的大道，整条大道采用金色的砾石，反衬出周围景物的色彩，又有王宫的高贵典雅。

1. 池塘花园的边界种植处理
2. 下沉式的花园
3. 下沉空间中的种植色彩搭配，通过明快的浅色的草花提亮下沉空间
4. 池塘花园全景

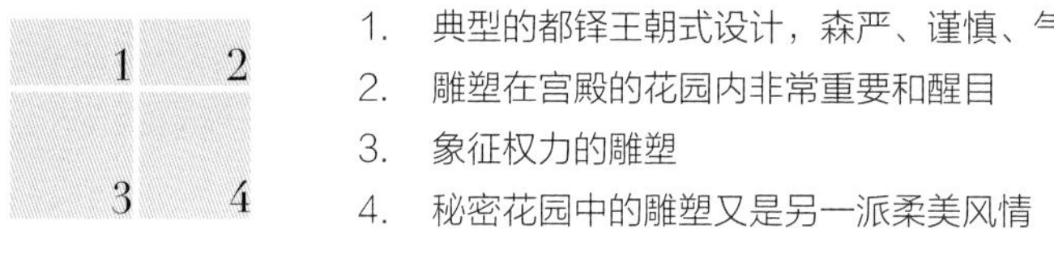

1. 典型的都铎王朝式设计，森严、谨慎、气魄
2. 雕塑在宫殿的花园内非常重要和醒目
3. 象征权力的雕塑
4. 秘密花园中的雕塑又是另一派柔美风情

汉普顿宫的花园是典型的英国文艺复兴庭园，优雅宁静，内有一个纯英国式精致规整花园——池塘花园，它对称布局，一年四季色彩斑斓。整个池塘花园地势平坦，但设计者却用高低错落有致、不同高度的绿篱、植墙、层次分明的花坛、绿地和水坛构成独立一景。

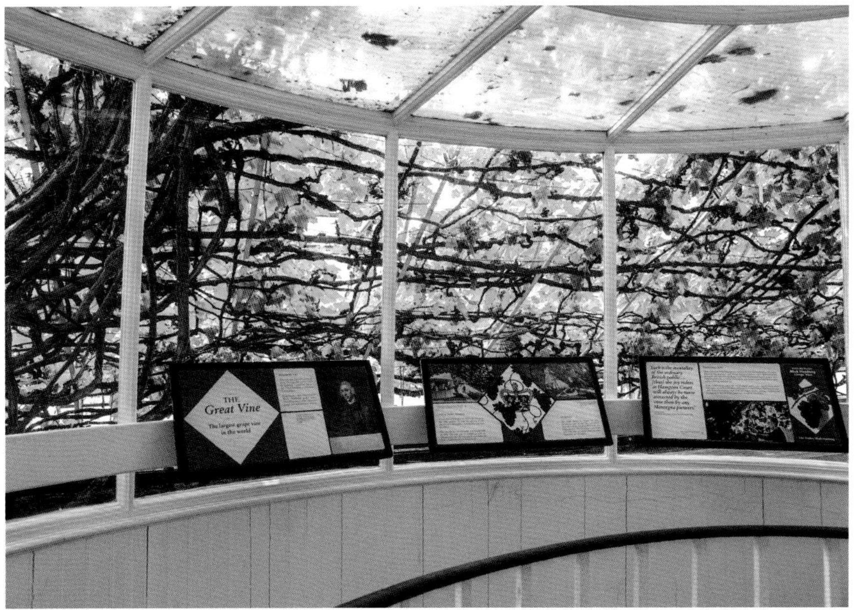

1

2

1. 独有的各种优良葡萄品种
2. 历史悠久的葡萄藤温室

池塘花园的尽头是世界著名的葡萄藤温室，被认为是世界上最古老的葡萄棚之一，在1768 年由皇家园林师朗塞洛特・布朗种植。1920年之前，这里种植的葡萄专供皇家餐桌，而现在每年的8月，美味的成熟葡萄每天收获了都会卖给游客，分享这里的美味。

1 2 3 4 5

1. 花园的边界、围墙的高尺度及上面的绿篱墙都展示这是皇家级别的花园
2. 被善意保留的小鸟窝巢
3. 连接两侧的景观桥
4. 入口草坪上的装饰小品增加了景观的戏剧性和参与性
5. 宫殿一侧开凿的人工河流

汉普顿宫以王宫的历史魅力、王室规整园林的艺术风格、繁多的各类主题花园和琳琅满目的艺术作品成为世界上最令人叹为观止的规整式宫殿及花园之一。

对宏伟的英国王室和花园感兴趣的专业园林工作者可以尽情在里面学习，每年7月还会举行汉普顿王宫花展。

可以在历史悠久的大紫杉树的荫凉处放松，或欣赏闪闪发光的大喷泉，抑可漫步于长达580米的草本混合花境边界，也会惊叹融合了原始植物品种的对称模纹花坛的众多小花园及开阔的草地森林。每年8月在后花园可以品尝世界上最古老的葡萄藤收获的葡萄，还可以去挑战一下英国现存最古老的树篱迷宫。

Leeds Castle Garden
利兹城堡花园

世界上最伟大的城堡之一

呈现 1000 余年历史的城堡与花园

让我们一起去探索吧

1980 年，园林景观设计师拉塞尔·佩奇（Russell Page）设计

1 售票处
2 利兹城堡商店
3 赛格威旅游
4 植物园
5 雪松草坪
6 亭子草坪
7 城堡
8 城堡商城
9 门房
10 少女塔
11 平底船
12 展览中心
13 渡口
14 卡尔佩珀花园
15 贝尔贝夫人花园
16 迷宫和洞穴
17 猎鹰表演
18 乡绅庭园操场
19 骑士王国游乐场
20 猛禽
21 高尔夫商店
22 鸟舍
23 野营地
24 骑士小屋
25 伯爵别墅
26 警卫室
27 城堡景观
28 管家屋
29 溪流

利兹城堡建于850年左右，起初这里只是个庄园，当时叫Esledes。13世纪，城堡由国王爱德华一世接管，变成了一个舒适的皇家别墅，并将之改建在位于雷恩河（River Len）湖心的小岛之上。

中世纪的英国有一个习俗是历代的新国王会将城堡送给王后。在1278年，爱德华一世的第一任王后——埃莉诺王后（Queen Eleanor）作为城堡的第一位女主人入住利兹城堡，而后，这里也接纳了很多皇室中的女性前来居住或躲避战争的灾难。

1. 利兹城堡正立面
2. 蔷薇花爬满整面墙
3. 混合花境散发着柔和的色彩
4. 废墟上的岩石花境

或许很多人都想不到，利兹城堡已经有1000余年的历史。这里从一个乡间别墅，成为王后们钟爱的城堡，被称为“王后的城堡”，它在英国历史和建筑史上同样享有盛名，因此又被称为“城堡中的皇后”。行至今天，利兹城堡依然屹立不倒，这其中自然有一定道理。接下来，我们就慢慢探索这个城堡，从外部柔美的花园景观，到城堡内部深邃的装潢格调。

显然，这个当初作为礼物，留给女性享用的城堡并不大，也没有太多的内容让人在里面逗留。那么让这里变得多少有些与众不同的，就是城堡周围大面积的草地、湖泊、树林迷宫和小桥流水的悠然风景。在城堡周围漫步时，最不缺少的就是低垂的树叶与游弋在水中的野鸭、天鹅。

利兹城堡花园主要包括：考尔佩珀花园（Culpeper Gardan）、贝莉夫人花园（Baillie Garden）和紫杉迷宫、大面积的湖区、宏大的自然风光草坪，他们共同构成了利兹城堡四季变换的梦幻颜色，是踏青漫步、野餐放松的好地点。城堡附近就有一个花园迷宫，电视剧里面的场景出现在眼前，想象着和朋友或者爱人逛完城堡之后，在迷宫里嬉笑追逐，再看着这里独有的黑天鹅，是多么惬意的啊。

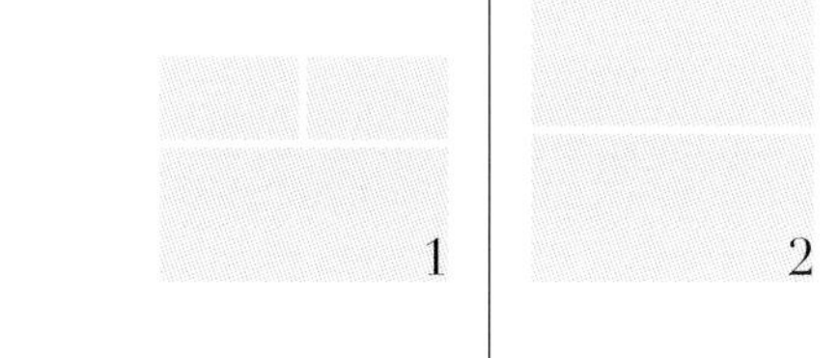

1. 游览利兹城堡可以选择多种方式，小火车、船和手划木船
2. 天鹅和飞鸟在利兹城堡和谐生活，与城堡相依相偎

LEEDS CASTLE

1 2
3 4

1. 花朵在墙缝中顽强生长
2. 红砖墙与植物之间的形成岁月的默契
3. 薰衣草的紫点燃一整个夏天
4. 植物搭配与色系选择

利兹城堡的美在于多变的庄园与花园空间，由低调入口沿小溪和起伏的沙路行走，最后到达环湖的城堡和隔河相望的管理用房。使得环湖栖息的城堡多了点秀气与灵动，尤其在阳光明媚的天气里，更显得优雅、动人和神秘，你能想象出，早晨第一缕阳光从东方升起，越过湖畔照入城堡中，是多么宁静自然的感觉。蓝天与白云，石瓦与绿地，天空与湖面，这一切都显得那么相得益彰。这种和谐与安逸的美丽，闲云与自然的气息，或许在英国境内并不常见，而在利兹城堡，这种宁静的品质被发挥得淋漓尽致，城市里的嘈杂与忙碌刚好和这里形成鲜明对比，利兹城堡——一座优雅的王后的城堡。

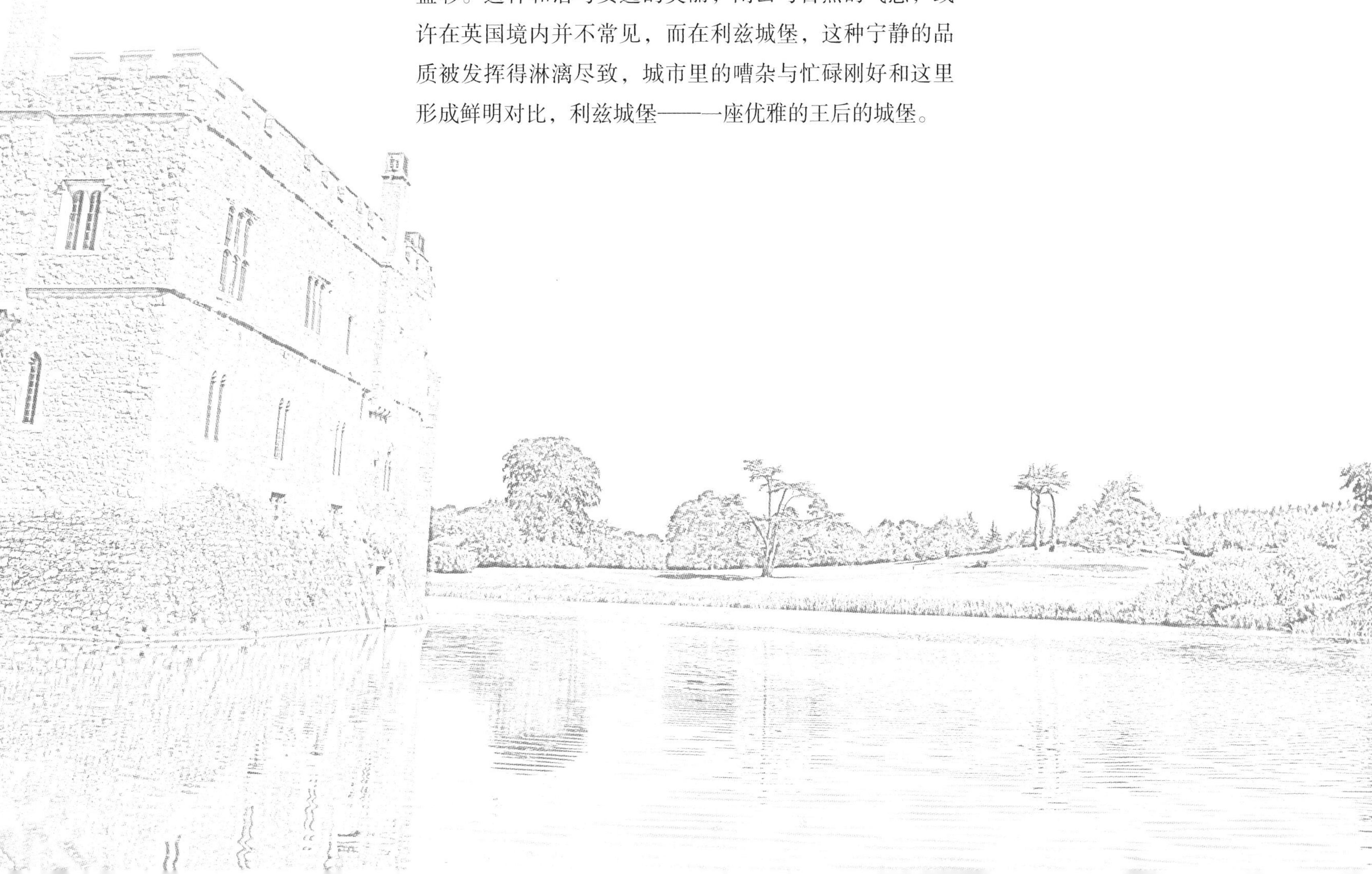

Powerscourt Estate
宝尔势格庄园

被著名的旅行指南

《孤独星球》（*Lonely Planet*）

评为世界十大豪宅之一

建筑设计师：德国建筑师理查德 · 卡斯特（Richard Castle）（18 世纪 20 年代重新布局）

1 意大利花园
2 塔谷
3 日本花园
4 宠物公墓
5 围墙花园

1 2 3 4

1. 18 世纪的城堡外立面
2. 城堡入口
3. 装饰雕塑尽显意大利的奢华风格
4. 城堡、观景平台、意大利式台地园、池塘、喷泉景观场景层层递进

宝尔势格庄园是世界上规模最大的庄园之一，为游客提供了宏伟的多种花园观赏。庄园坐落在爱尔兰首都都柏林南部20千米处威克洛郡（County Wicklow）的山脚下。庄园始建于1300年，原为勒普尔家族（Le Poer）的地产，并因此得名。1603年，庄园被赐予屡立战功的爱尔兰元帅理查德·威菲尔德及其家族。18世纪20年代，德国著名建筑师的理查德·卡斯特在庄园的原基础上重新布局加以扩建，历经12年由100个工人建造完成，成为爱尔兰著名园林。

宝尔势格庄园曾被《国家地理》杂志评选为世界十大花园中的第三名。整个庄园占地约14000英亩（约5665公顷），在大自然中形成一道开阔的风景线，庄园分为意大利花园、设有围墙的花园、宠物墓区、日式花园、塔谷区、宝尔势格建筑和宝尔势格瀑布。

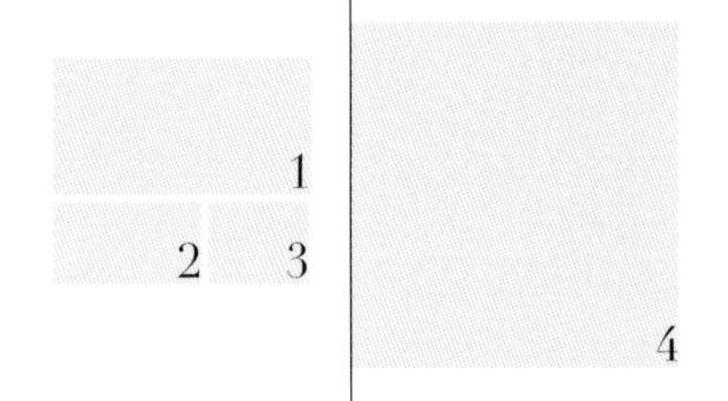

1. 建筑、花园、喷泉、雕塑与远处的山脉浑然天成，仿佛进入了一个西方世界的桃花源
2. 顶部观景平台上远眺，一切尽收眼底，平台栏杆的装饰可见曾经属于这里的财富
3. 海豚池塘（Dolphin Pond）原名“绿色池塘”，中央喷泉有一个喷嘴，水柱从海豚塑像的口中源源不断喷出
4. 意大利台地园的气势与威克洛群山的借景

意大利花园

意大利花园的露台上，有繁复的地面铺装和精美的栏杆，其后的景色是一幅得天独厚的英式风景画！完美的对称式布局和修剪，绿草如茵，林木繁茂，各类花草争奇斗艳，水塘和喷泉附近点缀有意大利风格的飞马等精美雕塑，远处的背景是苏格兰壮阔的群山。

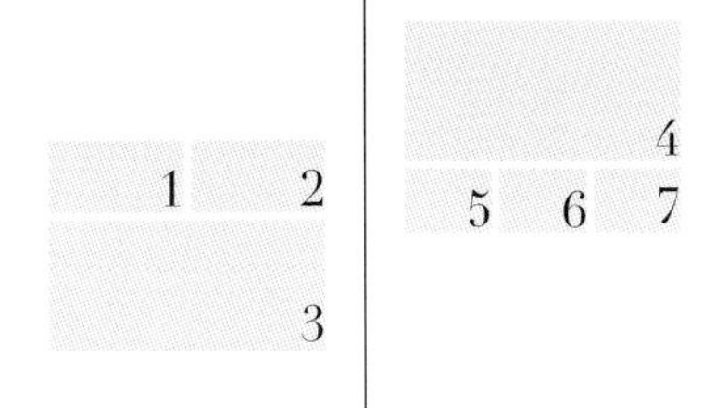

1. 连绵起伏的绿色梯田台阶
2. 威克洛群山的自然风光与人工园林相结合
3. 古老的的大树让庄园显得生机又具有神秘感
4. 宝尔势格庄园以各种风格园林混搭、广罗世界各地植物著称
5. 宝尔势格庄园沿河步道拥有 3 千米的宁静路线和秘密的林地小径，沿途感受达格勒河的宁静
6. 借地形修渠道将山泉水引下，层层下跌，叮咚作响
7. 蜿蜒曲折的林间小路，优美的风景引人入胜，把园林各个景区连成整体

日本花园

1908年，由第八子爵及夫人创建的日本花园，这是宁静致远的东方花园，庄园深处，小路四周满是高大、古老的树木，这些树木有千百年历史了，它们见证了庄园被大火一次次的毁坏又一次次重新建造。

围墙花园

位于意大利花园东侧，是庄园中最古老的部分之一，以爱尔兰最大的草本植物边界为特色。精致华美的小门之后，是一个风格独特的花园空间，有雕塑、水池、喷泉，还有争奇斗艳的花圃，整个庄园不同季节的植物都有，所以任何季节来，都会看到相应的花卉。这里还被称为“厨房花园”，因为这里曾经种植蔬菜和水果，以保持厨房的充足储备。这里植物和灌木是第七子爵夫人选择并种植的。她的丈夫曾说过：“种植上等植物和灌木，看着它们的大小和美丽逐年增加，这是我一生中最大的乐趣之一。”爱尔兰人对于花园的热爱可见一斑。

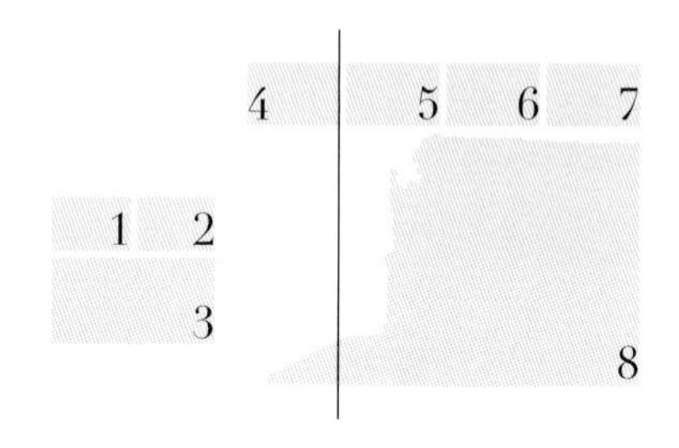

1. 大花园里浪漫的小庭园
2. 围墙花园中的小尺度水景
3. 意大利风格的园门彰显不一般的豪宅气质
4. 落新妇
5. 银丝毛蕊花
6. 围墙下的各色绣球
7. 紫色的薰衣草沿着庭园小径一路走，一路浪漫
8. 小庭园端景的绿篱墙与雕塑小品，周围的植物色彩鲜明

塔楼花园区

在意大利花园的西侧，这里是艾美奖获奖电视剧《都铎王朝》的取景地，塔楼楼顶可以欣赏宝尔势格庄园的景色。塔楼上的大炮是为了当年的庄园防御准备的，现在却让参观变得饶有生趣。

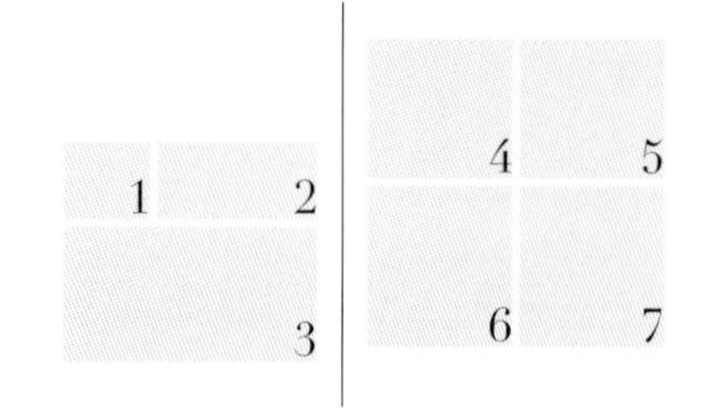

1. 意大利品种的梨，6 月成熟
2. 挨着围墙种植的欧洲李
3. 夏季的花境植物组合
4. 销售植物和杂志书籍
5. 园艺商场里丰富的温室植物品种供选择
6. 可供露天栽培的品种销售处
7. 与商场相连的游客休息中心

PAY HERE
the white book
the white book
the white book

PAY POINT
PATIO PLANTS
OUTDOOR LIVING

花园中心配备丰富的植物选择，带上一些大自然的礼物，感受一份美好和放松。

宝尔势格高尔夫俱乐部被评选为爱尔兰风景最美的风景区，它拥有两个冠军高尔夫球场，在这里可以一边打球，一边欣赏到周边的爱尔兰风光和绿茵，是爱尔兰乃至英国的顶级球场。

1 2 3 4

1. 宝尔势格庄园的组成还包括高尔夫俱乐部
2. 俱乐部停车位前的标识牌很有趣味
3. 高尔夫酒店前盛开的多头月季
4. 山脉的影子下，独享爱尔兰叹为观止的自然风光，与天鹅、海鸥结伴

宝尔势格庄园由城堡、花园和高尔夫俱乐部组成，庄园的花园又是东西方花园荟萃其中，建筑室内的陈设表明了主人曾经的贵族生活和历史，山地峡谷、开阔草坪、红杉巨木、荷湖喷泉以及花境廊道、果墙薰衣草紫色浪漫都带来了庄园的气势和不凡的气质，空间宏大，游路顺畅。高尔夫球场的自然丘陵风貌则再现了英国的本土风貌以及英国艺术的浪漫主义。这里的所有植物配置看似无心插柳，实则层次有度，看着那些种类繁多的植物，就像是打翻了调色盘一样让人心花怒放。期待下次换个季节再来，感受不一样的花园之美……

Powis Castle and Garden
波维斯城堡花园

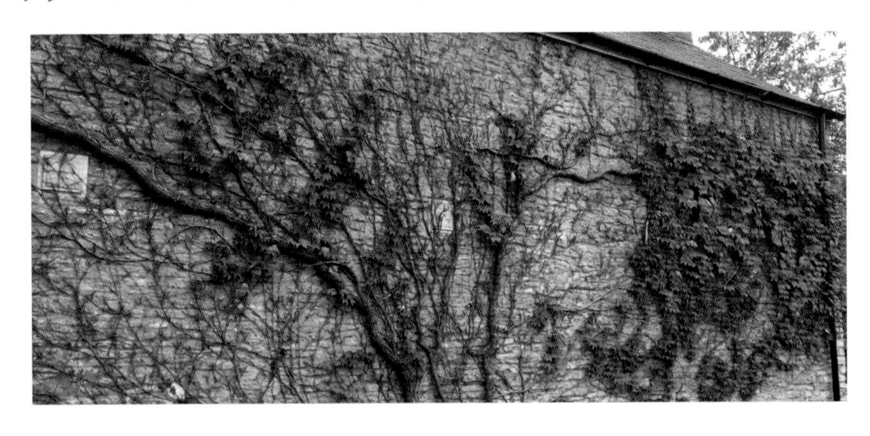

随着秋天的到来

花园爆发出另一种生命

因为充满活力的绿色

变成了令人眼花缭乱的红色、黄色

灿烂的橘子色和黄金色在争奇斗艳

13 世纪，专为古代的波维斯家族（Powys）修建

16 世纪，被卖给赫伯特家族（ Herberts）

18 世纪，亨里埃塔 · 赫伯特（Henrietta Herbert）与克利夫（Clive）家族通婚，子孙至今仍然住在城堡中

一系列绚丽多彩的混合花境先由格雷安 · 斯图亚特 · 托马斯（Graham Stuart Thomas）

后由曾经的花园主管吉米 · 汉库克（Jimmy Hancook）设计

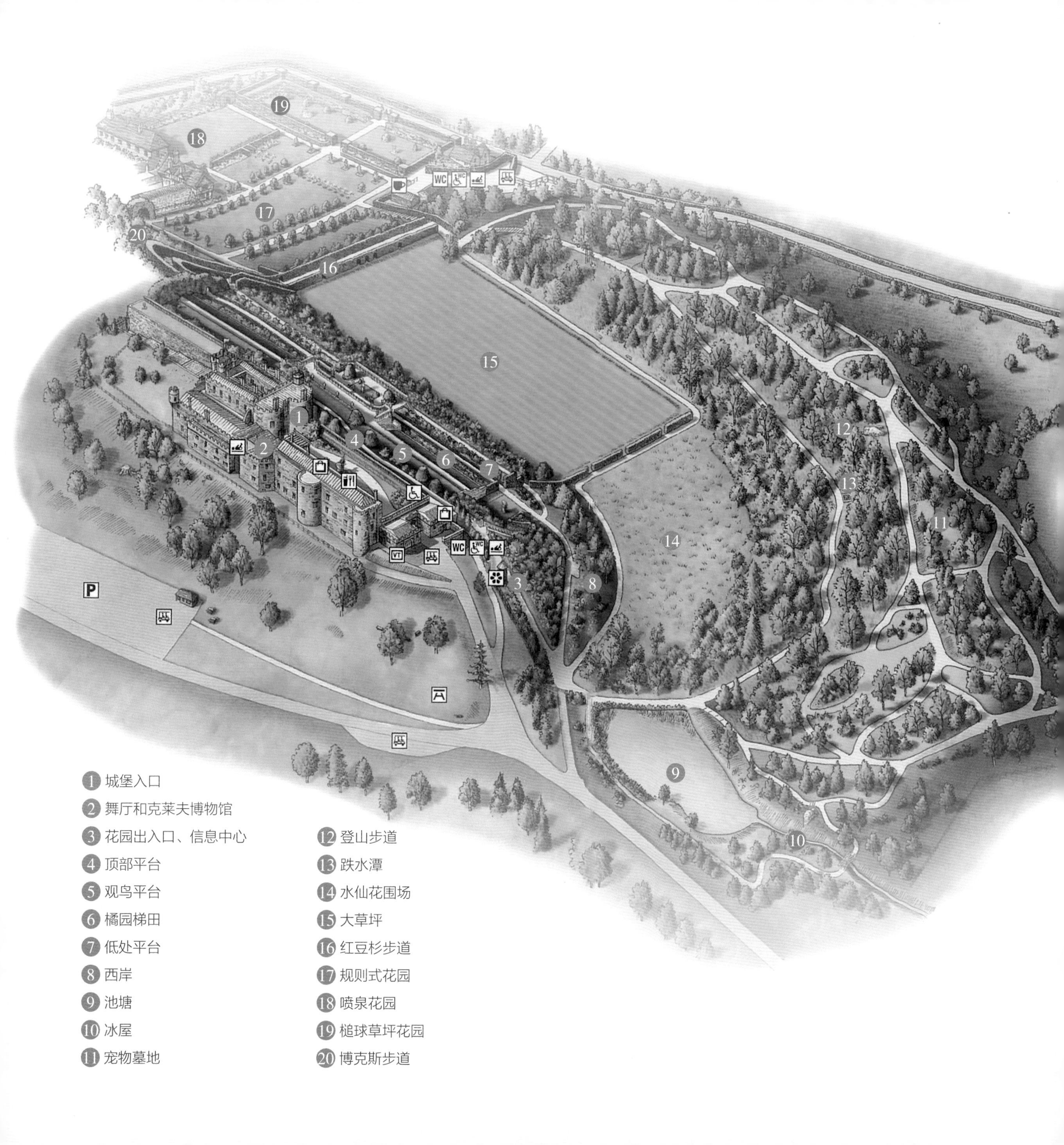

P
WC
WC
VT
1 城堡入口
2 舞厅和克莱夫博物馆
3 花园出入口、信息中心
4 顶部平台
5 观鸟平台
6 橘园梯田
7 低处平台
8 西岸
9 池塘
10 冰屋
11 宠物墓地
12 登山步道
13 跌水潭
14 水仙花围场
15 大草坪
16 红豆杉步道
17 规则式花园
18 喷泉花园
19 槌球草坪花园
20 博克斯步道

被成群的紫杉簇拥着的城堡

波维斯城堡花园建于中世纪（13世纪），位于英国威尔士中部波厄斯郡，是威尔士王子的住所，曾是军事防御要塞，举办过盛大的国家盛宴。维多利亚公主（后来的维多利亚女王）于1832年随她母亲游览英格兰和威尔士，来城堡参观，非常喜欢这里，给予波维斯城堡极高的评价。

城堡矗立在山头，是经典的红砂岩建筑，红花绿叶层层叠叠的花园阶梯式建在山坡上，一直延伸到山脚，这是中世纪城堡下最美的英国花园之一。在城堡最上层台地俯瞰，远处是威尔士起伏的山脉，碧绿碧绿的草地仿佛被调过饱和度，配合已经火红的威尔士枫树，形成油画般的景色，让人心胸开阔，雄伟的紫杉也成为花园美丽传说重要的一部分。

1 2 3 4 5 6 7

1. 小雕塑在色彩斑斓的花园衬托中显得非常有气质
2. 开敞的草坪与成群的乔木和灌木，中式园林的“疏可走马、密不透风”在英式园林的体现
3. 往下俯瞰，远处的山脉和花园连成一片，荡气回肠
4. 修剪整齐的绿篱围墙和门的结合
5. 岩石上的意大利式梯田
6. 壮观的紫杉树篱
7. 鲜花拥簇中的城堡

台地花园

城堡花园本身就是一座典型的意大利台地园，是目前英国17世纪台地花园中保存最完整、最优美的花园。城堡的花园非常有吸引力，站在底层的草坪向上仰望，六层台地极为壮观，各式各样的植物交错掩映着红砖城堡，充满别样的浪漫气息。同样的位置和115年前城堡的老照片的对比，除了当年的照片没有色彩之外，其他一模一样，过去与现今重叠，恍若梦境。

1. 大门两边精美的柱廊
2. 城堡壮观的意大利台地园
3. 紫杉篱成为花园的边界，并与自然无界融合
4. 每一层台地都是花境植物品种的展示走廊
5. 游客可以近距离观赏层次丰富的花境和高大的树篱
6. 火红的爬山虎爬上建筑
7. 雕塑展现城堡的历史与艺术价值

2
1 3

1. 紫杉绿篱在波维斯城堡无处不在
2. 花园中拥有各种治愈的绿色
3. 小小的台阶也成为一景

紫杉（红豆杉）绿篱

这些紫杉是维多利亚时期种下的，有400年历史，整个绿篱将近15000平方米，最高处17米。从花园的任何地方回望城堡，都可以看到它们独特的形状，像燃烧的蜡烛一样融化在露台上，是整个花园的标志。

绿篱边界

用紫杉篱划分了花园与花园的边界，花园与自然的边界，与“哈哈墙”异曲同工，这毫无疑问是英国花园非常显著的一个特征，这样的边界让花园与自然很有效地融合起来。在绿篱边界能欣赏到壮观的草本和大量的多年生植物。

1. 里面有什么，等着人来探索，游览波维斯城堡花园让人时刻充满惊喜
2. 高超的园艺技术保证了今天看到的紫杉绿篱
3. 因地制宜，威尔士山地地形营造出的梯田花园，一张坐凳位于绿篱园路的端景处，视线有了聚焦

1. 秋日的波维斯城堡花园的植物配色充满温暖，是我喜欢的感觉
2. 燃烧的颜色，收获的季节，又充满生机

1 2 3 4 | 5 6 7

1. 枝条生长的方向就像一幅生命的画
2. 紫杉背景随着地形像起伏的山峦，色叶树的层次搭配让人沉醉
3. 后花园的大藤，开花时节会是另一种美吧
4. 从布满爬山虎的窗户往外看是什么感受呢
5. 硕果累累
6. 漫步其中的不止我们，还有这些可爱的小动物们
7. 赫伯特家族历代雕刻也是城堡重要的艺术宝藏

城堡有容纳猛禽的鸟舍，里面养殖了孔雀和各种小鸟，体现人与自然无限和谐。

1. 四时八节，花谢花开，花园都呈现最美好的样子

波维斯城堡的紫杉有400年的历史，是城堡最有特色的树种，巧妙绝伦地与砂岩红砖的山地城堡相呼应；紫杉被修剪成蘑菇形、伞形或是四四方方的天然屏障，形成视觉与行走的通廊。以前需要10个园艺师整整4个月才能人工修剪完毕，现在用电锯只需要一个人两个月就能完成。即便如此打理整个花园还是需要7个园艺师。花园里每棵植物都在用心呵护中成长，正是这种不间断的维护与传承，才拥有波维斯城堡花园这样的不老神话。

而波维斯城堡的花卉与花境，也绝对是我们专业人士看过的庄园城堡花园中最有看头的一个，即使在深秋，依旧花开无度，迷人心扉。

这些艳丽的花儿能长在威尔士的山坡上，那么暴露的地方，海拔也不低，多霜多雪多寒风，居然长这么好，让我对整个庄园的养护园艺师充满了敬意。

这里是个充满花的世界，花繁叶茂，无论花还是叶都在这争奇斗艳，花的艳丽与叶的奔放，我看到了一个没有压抑天性，一个任性、随性的世界。另外葡萄等瓜果园廊架、水景、紫杉篱又围合成了不同的主题花园空间，花园反映了主人的情怀和爱好，这或许是维多利亚女王喜欢的原因之一吧！

Scotney Castle
斯科特尼城堡

由新堡走向旧堡

就像是一条梦幻的童话之路

随着肯特郡独特的自然风光

城堡的尖顶若隐若现

赫西家族（Hussey ）的故居

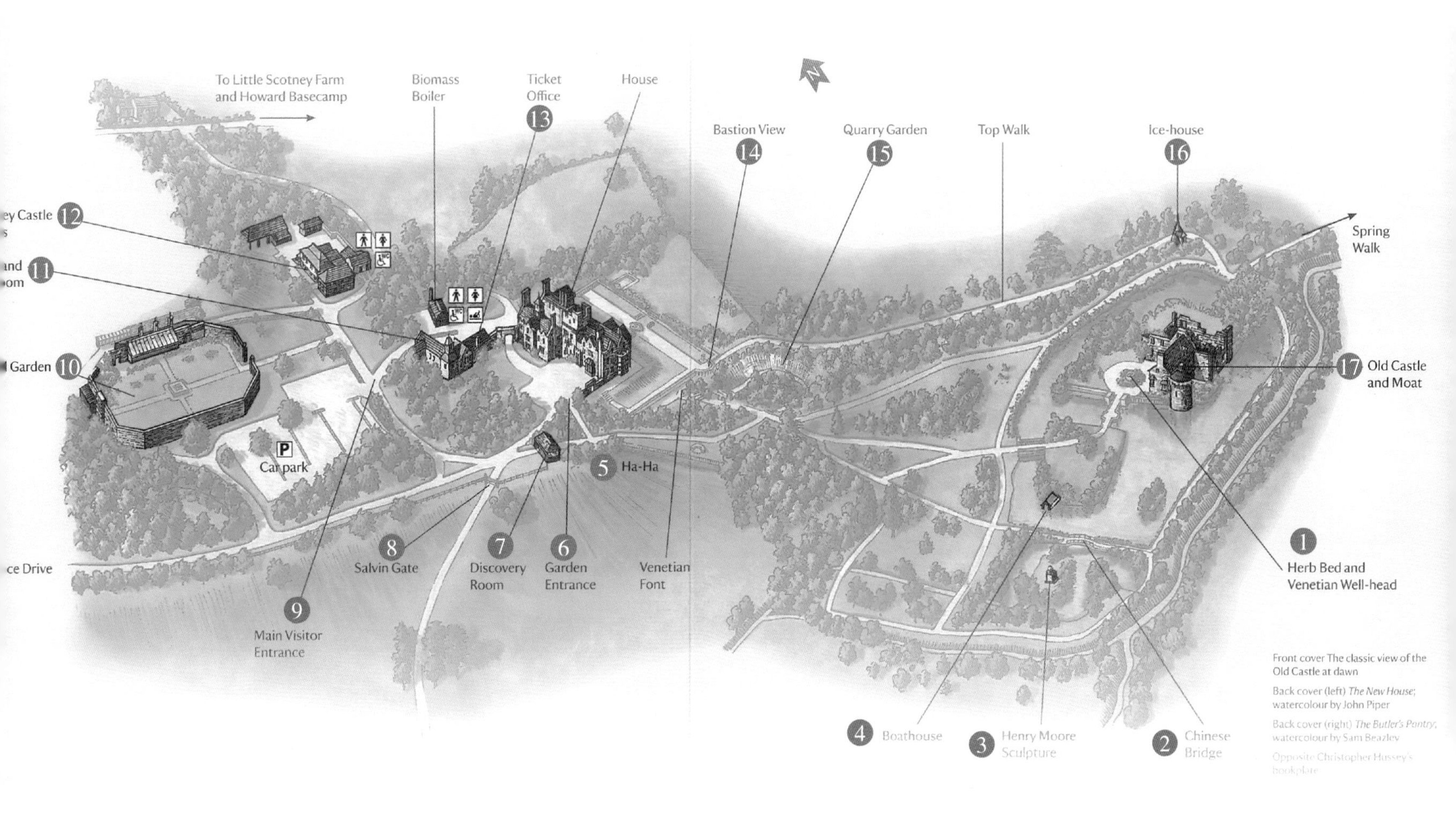

❶ 香草床和威尼斯井口
❷ 中国桥
❸ 亨利 · 摩尔雕塑
❹ 船坞
❺ “哈哈墙”
❻ 花园入口
❼ 探索室
❽ 萨尔文门
❾ 主要访客入口
❿ 围墙花园
⓫ 商店和茶室
⓬ 斯科特尼城堡办公室
⓭ 售票处
⓮ 堡垒景色
⓯ 矿坑花园
⓰ 冰库
⓱ 旧城堡和护城河

斯科特尼城堡位于英国肯特郡，是赫西家族的故居。目前开放的区域分为新堡和旧堡，新堡建于18世纪，在这座城堡的下边不远处还有一座12世纪的旧堡，旧堡设计独特，它坐落在湖的中央，仿佛一个童话中的传说，远远望去，如梦似幻，非常的迷人。许多英国古画即以此为原型创作。据说在18世纪，一位叫爱德华·赫西（Edward Hussey）的伯爵惊叹这座古堡的魅力，便将其买了下来，为与喜欢的古堡相伴，又在离古堡不远的地方新建了这所新的城堡。

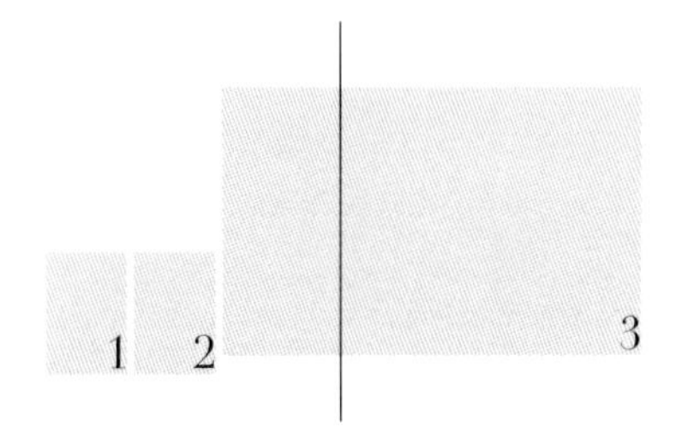

1. 春季白色的紫藤爬满整个旧堡的外墙
2. 植物映衬着斑驳的外墙
3. 满山杜鹃花的深处就是斯科特尼城堡旧堡

古堡庄园一直为私人拥有，直至最后一任男主人于1970年去世以后将其捐献给了英国国民自然信托基金会（National Trust），这是一个保护名胜古迹的私人组织。整个庄园直至2006年女主人去世以后，才在2007年6月对公众开放。

这时人们才逐渐领略到这座古堡的美，正是因为它的独特魅力，才一直在英国各种各样的花园票选中位列前十，如果你翻看完这本书的所有花园，就会明白在英国花园中位列前十是多么了不起的一件事。

1. 新堡蜜蜡色的城堡外墙
2. 通往旧堡，沿路各种针叶林和色叶林不断交错
3. 场地内的标识
4. 新堡室内
5. 新堡建筑北立面

新堡建筑的蜜蜡黄色沙岩在金秋的阳光下散发着独特魅力，走出新堡眼前是肯特郡优美的田园牧歌场景和浓密的森林。各种变色的植物点缀在绿茵草地之上，天空是澄净的蓝色，一切都如梦似幻。

古堡坐落在湖中的一座小岛上，藤蔓环绕于斑驳的石墙，仿佛将人带回千年前的古老时光。四周湖水清澈见底，闭上眼睛还能闻到阵阵花香，高塔倒映在湖水中，难怪无数人都评价它是“童话般的花园”。

1 2
3

4
5 6 7

1. 在旧堡的水岸边远眺新堡
2. 穿过旧堡古老的窗沿望向自然优美的林冠线
3. 原有的护城河形成倒影
4. 旧堡的建筑
5. 天鹅和野鸭的水上小屋
6. 游客沐浴在阳光和花园美妙的氛围里
7. 离开新堡可以带上一盆植物回家

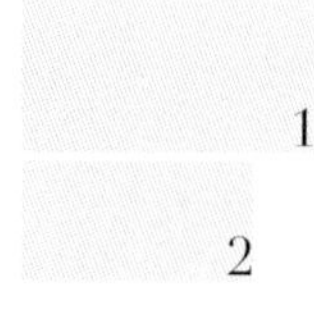

1. 金色的秋天在这里谱写壮观又绚丽的赞歌
2. 天高云淡，秋色迷人，倒映在水中，晶莹透澈

Scotney Castle

我们到达斯科特尼城堡的时候秋色正浓，最迷人的是新堡通往古堡的路，悠游自在，天高地远，婆娑的树荫下草地都绿得灿烂。

可以观察到的是，这里春季有杜鹃花和山月桂，夏天时有紫藤和玫瑰，秋天时有枫叶，冬天枝叶落下，给古堡平添沧桑和历史的痕迹，所以这也是一个四季的花园。

漫步在这样的花园中，仿佛时间凝固，岁月静好。

Sissinghurst Castle Garden

西辛赫斯城堡花园

不论何时只要到达西辛赫斯城堡

都会被这座城堡浪漫又瑰丽的史诗感折服

在这里，花园不再是住所的附庸

而是生活不可或缺的一部分

园林设计师：维塔 · 萨克维尔 – 韦斯特（Vita Sackville-West）
和丈夫哈罗德 · 尼克尔森（Harold Nicolson）

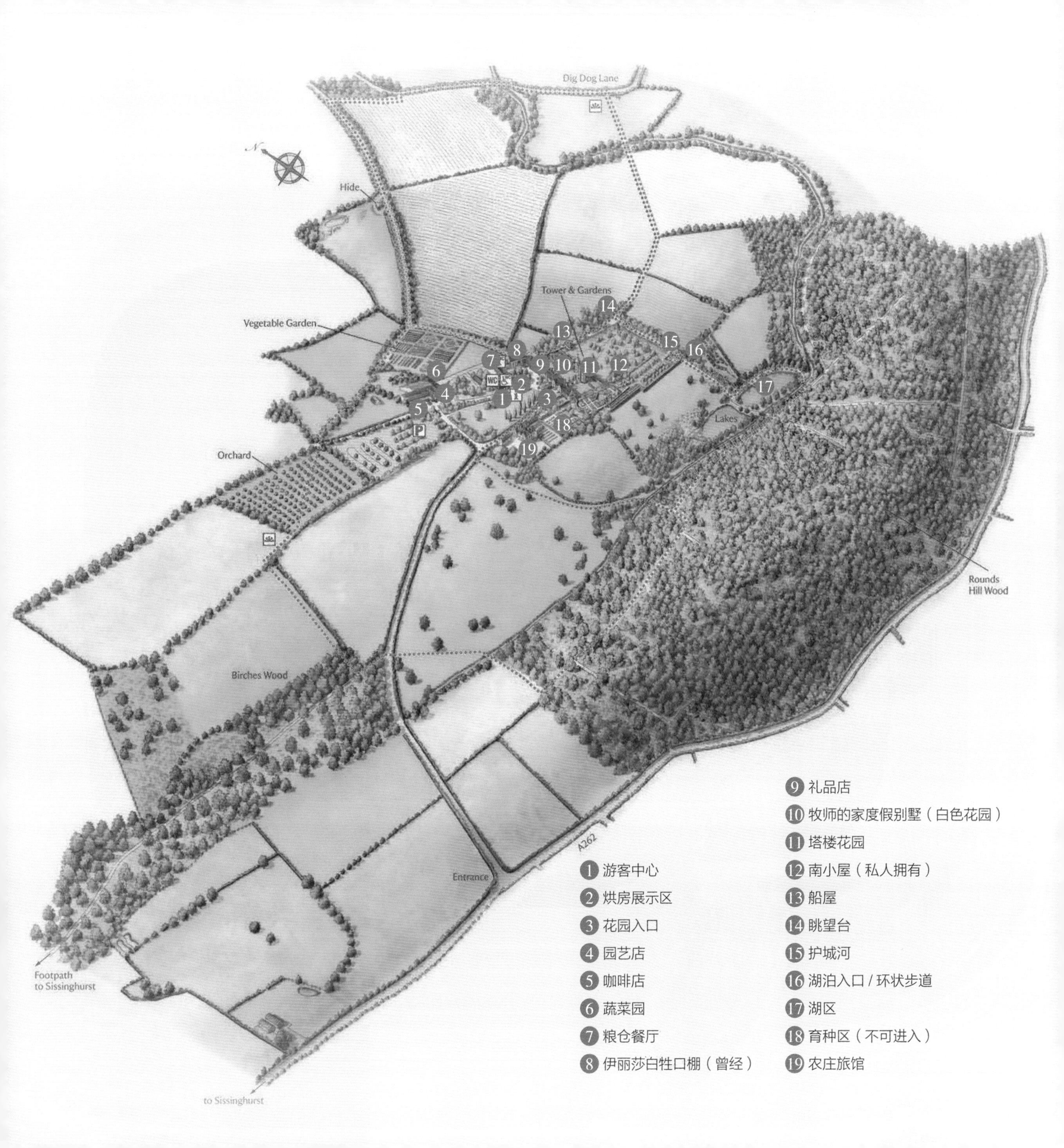

Dig Dog Lane
Hide
Vegetable Garden
Tower & Gardens
Orchard
Lakes
Rounds
Hill Wood
Birches Wood
A262
Entrance
Footpath
to Sissinghurst
to Sissinghurst
1 游客中心
2 烘房展示区
3 花园入口
4 园艺店
5 咖啡店
6 蔬菜园
7 粮仓餐厅
8 伊丽莎白牲口棚（曾经）
9 礼品店
10 牧师的家度假别墅（白色花园）
11 塔楼花园
12 南小屋（私人拥有）
13 船屋
14 眺望台
15 护城河
16 湖泊入口 / 环状步道
17 湖区
18 育种区（不可进入）
19 农庄旅馆

在英国的乡村，无论是古堡、庄园，还是乡舍，都坐落在翠绿起伏的广阔田野间，同时视野中有附带着宽敞或特色的花园与自然的结合。养眼的是那些开着各种红色的、粉红色、紫色、白色小花，可爱的爬在墙上的蔓生植物，在主题花园中的各种大树和鲜亮高雅的玫瑰，妖娆的鸢尾、羽扇豆、水仙等巧妙配植点缀得雅致、秀丽、生活与艺术，我想英国乡村的特色园艺花园与房屋已经成为世代相传的珍宝，这类令人充满欢愉的美丽乡村花园是英国的象征之一。

位于肯特郡的西辛赫斯特城堡花园就是这样一座让人流连忘返的特色珍宝花园，由英国诗人、小说家、园艺家维塔·萨克维尔-韦斯特和丈夫、外交官兼作家的哈罗德·尼克尔森自1932年起创建。1967年，她儿子尼格尔（Nigel）交由国家名胜基金会管理对外开放。

西辛赫斯特城堡花园的悠久历史可追溯到1930年，维塔和儿子发现了西辛赫斯特（Sissinghurst，意为森林里的空地）这座被废弃的12世纪的古堡，发现遗留在里面的农舍、塔楼、走道、草地跟生活的诺尔城堡有不少相似之处，同时也有适合栽种他们热爱的园艺花卉的自然环境。更巧合的是在16世纪，庄园就属于维塔的祖先，为了承续萨克维尔家族的传统，加上夫妻双方都有意愿将荒野古堡改造为理想花园，他们不顾高昂的收购价，以及后期的维修及建造费用，买下了这座无人居住的废弃城堡。并开始苦心经营和打理这个花园，西辛赫斯特城堡花园成为夫妻俩终生的事业。7年后，在第二次世界大战爆发前夕，该花园初具规模并开始对外开放。30年后，英格兰肯特郡的西辛赫斯特真正完美呈现了这座美丽花园的独特之美。

维塔夫人是一个花园师、园艺师，从小说、诗歌到20世纪50年代起在《观察家》周报上开始的园艺专栏，所有获得的稿费则用于购买花卉继续补充种植在花园里。高耸的塔楼原是维塔专用的书房，书房里挂着《勃朗特三姐妹》的油画像，从塔看出去，整个城堡花园从左到右、从上往下一览无余。客人罕至的黄昏或者冬季的整日，维塔夫人就在塔楼里面写作。

1. 这些被美丽鲜花环绕的建筑，当年都是养猪场
2. 跨越许多世纪，场所的功能更替，留给我们看到的是一个精心呵护的花园
3. 无论是建筑或者植物都遵循着创始者维塔的原则：柔和而微妙的色调，灿烂而协调的景观

之所以在整个花园开篇的段落中先提起花园的女主人维塔，是因为西辛赫斯特城堡花园因她而生，也因她变得如此的传奇。维塔出身贵族，自小生活在肯特郡的诺尔城堡，也因此养成了对城堡以及园艺花园的热爱。维塔很小就展露出与园艺有关的文学才华，如她以园艺生活为主题的诗集《土地》（*Land*）和《花园》（*Garden*）曾经获得文学奖。

1 2 3

1. 登上塔楼俯瞰另一侧的花园
2. 塔楼前的入口花园
3. 登上塔楼俯瞰远处的烘房展示区

高大笔直的椴树篱和紫杉（红豆杉）篱形成的步道，是先生哈罗尔德的杰作，所以在紫杉篱的旁边，石径步道两侧对植椴树，代表哈罗尔德男性的理性和踏实。而那椴树下面遍植球根以及主题花卉植物一定就是维塔的浪漫杰作，如玫瑰、迷迭香、虞美人、紫藤、紫丁香、番红花、水仙花、风信子、洋地黄等如此的浪漫迷人之花都是妻子维塔的心灵花卉。

1. 塔楼俯瞰下的船屋、南方小屋等
2. 花园中心的标志性伊丽莎白女王塔。这座塔在 7 年战争期间一直是法国海军军官的监狱，第二次世界大战期间作为瞭望制高点

花园总体布局分三大部分：有建筑围合的草坪古堡上下庭园，老墙与紫杉围合的白色主题花园院落，是鲜明自然的村舍庭园。另外，还有花境园、玫瑰园、药草园、果园、野趣花园等，每个庭园都有一个鲜明的主题。花园外围有一条小河流过，河边磨坊、小塔，并形成两个美丽小湖泊，河里的水景植物丰富而美丽，与河边步道串联起了长条花园空间。

在整个花园设计和营造过程中，二人分工是明确不同的，丈夫哈罗尔德的风格是太阳神式的，负责设计规整直线与树篱围墙并摆设各类园林小品如雕像、亭子、磨坊和古典风格的花瓮等；维塔夫人的风格是浪漫的也是奔放热烈的，所以妻子负责研究园艺品种并种植形成主题和特色，一个小空间就像是一

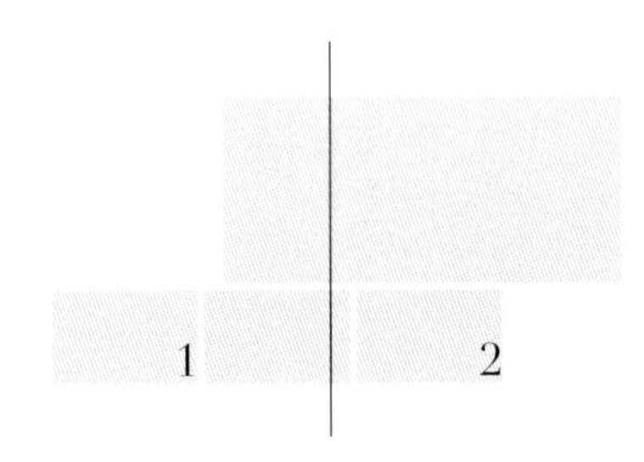

1. 丈夫的椴树篱形成一圈绿色阔叶穹窿，与树下妻子布置从春到夏到秋盛开的鲜艳花朵交相辉映，好一幅唯美的风景画
2. 维塔曾在皇家园艺协会的杂志上对她丈夫的描述："哈罗尔德是花园设计理想的合作者和营造师。他对于对称与规整有种天然的品位，对长距景色的焦点布置富有天才，这些都是我缺乏的"

个“房间”，夫妇两人经常分场合选择某个花园房间用餐或招待客人，这种花园设计在当时绝对标新立异，充满奇妙与奇迹。

虽然基金会对花园开始了持续不断的修整计划，但在与古为新中始终贯彻花园创始者维塔的营造花园的原则——理性和浪漫的基调，柔和而微妙的色调，灿烂而协调的景观，生活而艺术的空间。

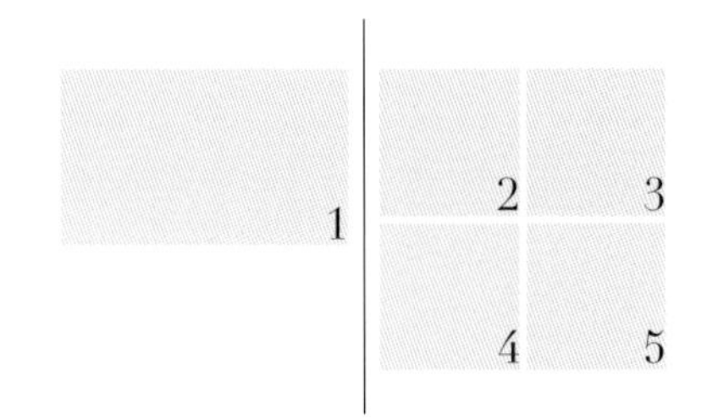

1. 围合的绿篱把庭园小空间打造成一个室外的小客厅
2. 沿着围墙生长的枝条，从西方美学角度刻意做成的造型
3. 台阶侧面的石板与砖块的大小对比和韵律变化
4. 砖块铺装的细节，后期的精心维护让一个经历了几个世纪的花园至今依旧那么精致优雅
5. 自由生长的花境植物与规则修剪的植物体现丰富的园艺技术和形态

园子一侧的红砖墙面上，攀附着白花紫藤、白色的铁线莲、白色的玫瑰等白色花卉，使立面上也展露着白色植物的倩影、身姿。春光无限好，流连在村舍，我想在1000个人心中，就有1000个乡村的景象。这个景象就在村舍美景花园，浓烈色调的红色、黄色、橘黄色，种植着虞美人、火星花、大花葱、向日葵、卷丹、鸢尾、蛇木藤等。

药草园种植各类可食用的香草，如鼠尾草、红甜菜、迷迭香、琉璃苣、香紫苏、薰衣草等。在这个院子里厨房食材、香草、各种热烈色彩的花卉都在这里争奇斗艳。

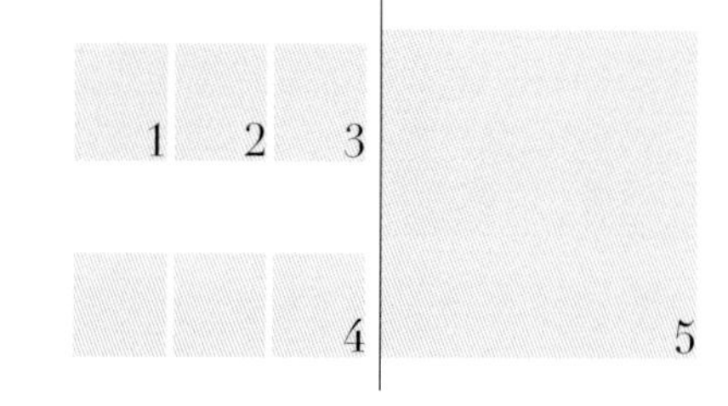

上庭园的紫色花园是女主人维塔专门引种并栽培的各类紫色品种，花境非常独特，色度有浅紫色、紫色等，如蓝铃花、花葱、铁线莲、醉蝶花、翠雀花、鸢尾花、羽扇豆、大丽花、马鞭草、紫丁香、紫藤等。远远望去梦幻柔美，随着轻风散发着淡淡的清香，所谓看破红尘，浪漫与高贵的花香环绕，烂漫、邂逅。

1. 坐落在伊丽莎白大房子的废墟中著名的红砖墙花园
2. 爬满门头的铁线莲
3. 在白色花园里有爬满常春藤的座椅
4. 各种紫色系的花境植物品种争相绽放
5. 爬在红砖墙上的玫瑰

1 2 3 4

1. 红色的砖墙与鲜绿的植物
2. “紫藤挂云木，花蔓宜阳春”。紫藤的花期很短，可谓好花不常开，好景不常在。我们算准时间前来，这里的紫藤花也如约绽放，一串串紫藤花长在细细长长的藤上，顺着架子垂下来，就像一串串美丽的珠帘，浪漫的紫色深深浅浅，一层层排列，我们一秒秒地欣赏
3. 历经时间洗礼，花园仍旧美丽而优雅
4. 连起来就像一片绿色屏障

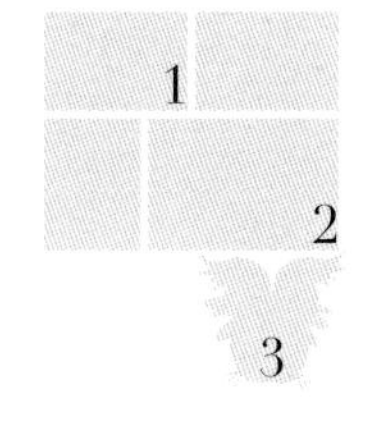

1. 一组有趣的对比，紫色羽扇豆和房屋的烟囱是相同的造型，一个人工的趣味，一个大自然的美
2. “沉重的金色阳光让旧砖变成了一种古色，使得塔在草地上投下一道长长的阴影，就像一个巨大的日晷慢慢拨动太阳。一切都安静而昏昏沉沉，但对于咕咕的白色鸽子来说”
   ——维塔常常这样描述西辛赫斯特花园
3. 礼品店用自然材质做的各种装饰品

这是一个特殊的花园城堡，高低错落的城堡花园形成了空间里的空旷草坪、野趣的花卉与自然乡村风貌融合的空间。

尤其出名的以白色玫瑰花、白色郁金香等白色系列花形成的白花园与厨房花园，也是爱花人士流连忘返的地方。上下花园因台地落差而闻名，建筑围墙与绿篱是花园的构成元素，不同时期的园艺花卉品种进入不同的空间，总之这样一个美丽的花园是让我感动和感悟的地方。

花园不是一天建成的，英国的园艺精神让人敬佩，如果有时间，作为一个专业设计师我一定会再回到这个花园，行走在维塔夫人（种花）和她丈夫（种绿篱）一生追求的理想和浪漫的花园里。

Windsor Castle
温莎城堡

王后的家园拥有近千年辉煌的皇家历史

英国王室至今仍在这里生活

是非、荣辱、兴衰……它的存在就是故事本身

威廉一世［威廉·范·奥伦治（Willem van Oranje）］营建

温莎是英格兰东南部伯克郡的一个小镇，它离伦敦大约一个小时的车程。

温莎城堡是世界上规模最大、人数最多的城堡。自12世纪以来一直是英王的行宫。城堡经常用于举办各种大型活动和仪式，是国家级的接待场所。在这里，英王经常与政治领袖、大使、高级专员或英联邦国家元首等重要人物进行会晤。圣乔治厅就是一个为国宴准备的壮观场所，长长的桌子可以容纳160人同时聚餐。

温莎城堡建于1070年，征服者威廉为了巩固伦敦西部的防御，在温莎建造了一座土垒的城堡，后来经过历代的不断扩建，城堡变得越来越坚固，逐渐就变成了皇室城堡，19世纪初，经过一次大规模的改造，形成了现在的城堡雏形。可以说英国历史上许多重大事件都发生在这里。

温莎城堡占地26英亩（约10.5公顷），按照地势由东到西分为上、中、下三个区。上区，是英王的起居，宴会，接见客人的地方。中区最明显的标志是玫瑰花园围绕的圆塔为主。下区主要有圣乔治礼拜堂、爱伯特纪念礼拜堂等建筑。

温莎古堡的东北两面环绕着霍姆公园，南面是温莎大公园，里面还有森林、草地、河流和湖泊。

温莎城堡经过历代君王的扩建，成为一座庞大的精美建筑群，它是目前世界上最大的尚有人居住的古堡式建筑，据说伊丽莎白二世偶尔会在温莎城堡度过周末。

这里有世界上历史最悠久的骑士团。1348年由爱德华三世在温莎创立，其骑士队还在圣保罗教堂的圣母教堂的教堂内参加感恩节，通过城堡区进行长袍和徽章的处理。今天，这个命令由皇后、威尔士亲王和24名骑士伴侣组成。还有皇家骑士和外国或“陌生人”骑士。

1. 温莎城堡是英国王室的主要行宫。城堡建于1070年，迄今已有近千年的历史

1

1 2 3 4

温莎小镇位于泰晤士河一段蜿蜒曲折的岸边，该镇的历史比温莎城堡还要悠久，行走在小街的石板路上，那些石头房子、古朴的老式店铺、优雅古典的铁栅栏、黑褐色的木格窗、红色的邮筒……总是令人有穿越时空的错觉。温莎，就像一幅色彩丰富、色调温暖的油画。

1. 温莎城堡外观
2. 城堡内的军乐队表演
3. 古老的紫藤与古堡相依相伴
4. 花园依山而建

进入温莎公园，巴洛克景观大道成为统治与权力的象征，公园里都是美丽的自然景观。只见大树通天，花儿绽放，绿草茵茵，落叶满地，似乎春、夏、秋的景致融合在了一起。

庄园花园

法国凡尔赛宫大花园首席设计师阿兰·巴哈东曾经说过：“一座吸引我的花园，更重要的是，它必须拥有灵魂”。一个庄园就是一个主人的故事和主题所在，历史与人文在此交汇，个性与创意在此彰显，生活与尘世在此上演。英国的每一个庄园花园都拥有奇妙的、直击人灵魂深处的内容，值得人反复参观、驻足、品读。

Arley Hall and Gardens
阿利庄园花园

阿利庄园有 12 个主题花园
让人最感兴趣的是梦境般的花境园
仿佛是童年梦境里的最爱

建筑设计师：罗兰 · 埃哥顿 · 华盛顿（Rowland Egerton Warburton）
花园设计师：威廉 · 埃米斯（William Emes）

1 阿利庄园前厅
2 小教堂
3 钟塔
4 游客中心及商场
5 花园入口
6 鸢尾花园
7 草本花园
8 香草园
9 厨房花园
10 葡萄园
11 围墙花园
12 草本边界花园
13 茶室
14 网球场
15 冬青大道
16 日晷园
17 深草区
18 育种区
19 水仙花及野花草坪
20 观光车停车场
21 小型车停车场
22 通往野餐区域
23 通往果园

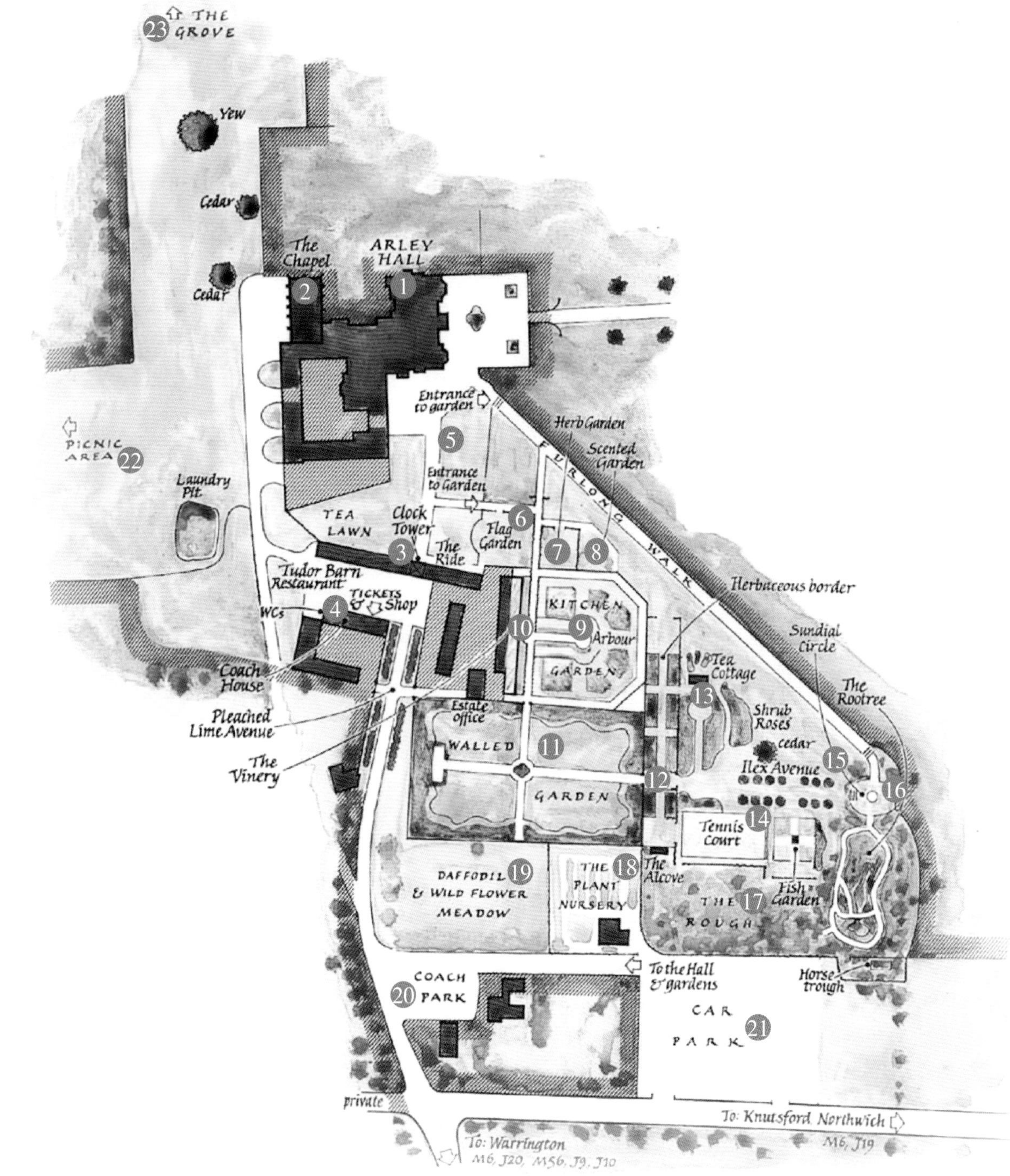

英国中部牛津地区的阿利庄园是英国柴郡的一座乡舍花园，庄园占地32英亩（约13万平方米），始建于1832年，在过去的近两百年的历史中一直由阿什布鲁克家族（Ashbrook）统治和管理。阿利庄园的花境园是园林与园艺专业人士顶礼膜拜的花园，因为这个花境园是现代英国花境的起源地。

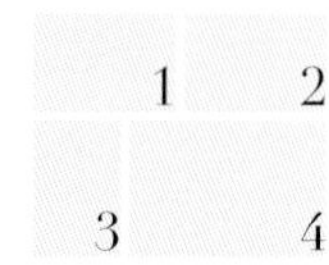

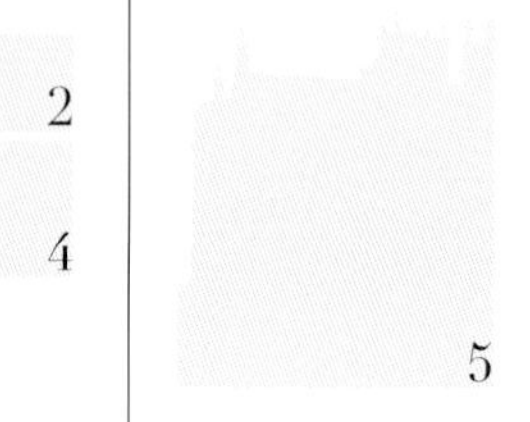

1. 阿利庄园外围
2. 钟塔前两排修剪整齐的乔木
3. 饰有丰富细节的庭园门
4. 当时是一座时髦的詹姆士风格的建筑
5. 对细节的关注，渗透着对伊丽莎白时代的迷恋

阿利庄园有12个主题经典花园，都各有特色。反映了一个家族的荣耀及红砖建筑、12个英式花园的历史故事在此延续。其中，草本花境（herbaceous border）是英国现代花境真正的发源地，更由著名造园师格特鲁德·杰基尔发扬光大，现在广泛应用于英国乡村庭园及今天世界的花境之中。18世纪末，华波顿家修建了一条从凉亭（从这里可以鸟瞰整个公园）开始的阿尔科小道（Alcore Walk）。19世纪40年代，又在阿尔科小道的两旁修建了背靠紫杉篱或砖墙点缀着紫杉树造型的草花花境。这些至今依然保留着，并经常被用作最早利用多年生草本花境建造花园的例证，这种做法在19世纪晚些时候得到了威廉·罗宾逊和格特鲁德·杰基尔的大力推崇。

在维多利亚时代，人们想要探寻一种新的花卉种植方式，不同于过去规整的大规模种植，也不同于混乱的乡舍风格，于是就诞生了英国园艺史上划时代的一次变化，在这里出现了最美丽的宿根草花花境，这就是当时最经典的对称式可走入的草本花境园。而且自 1846 年到现在，有一百多年的历史，种植的全部是多年生的草本宿根植物。四季景观随草本花卉花期而呈现缤纷色彩变换，两侧花床里的植物以最自然的姿态发芽、开花、结果、凋零，呈现着生命的轮回。

1. 以紫杉为背景的五彩斑斓的草本花境世界
2. 草本花境端头的凉亭，白色的建筑和缤纷的花朵完美搭配
3. 花园最著名的就是多年生草本边界，被认为是英国第一个草本边界
4. 厨房花园
5. 花儿滋养了这童话世界
6. 春夏的围墙花园入口

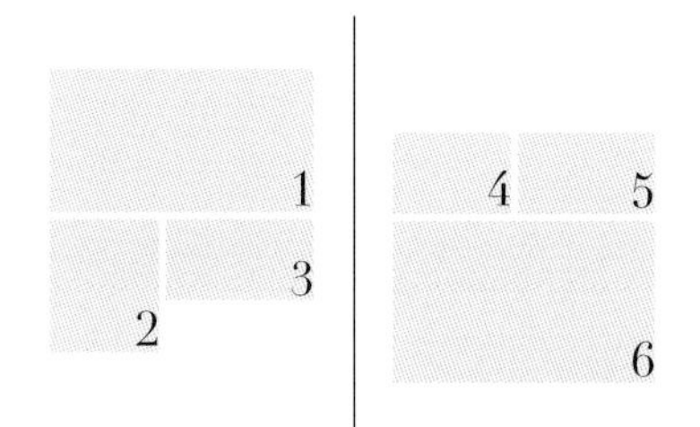

1. 古典的审美，阿利庄园更是一个充满了趣味的地方
2. 围墙花园内四季的色彩都十分迷人
3. 即使是规则式的构图，因为花境的营造让空间丰富多彩充满生机。水景的视线延伸到围墙，围墙装了一个铁艺门，仿佛后面还有无数的秘密风景等着去探索
4. 穿越冬青大道，“忽逢桃花林，夹岸数百步，…… 芳草鲜美，落英缤纷”，羊群在平原上散步
5. 有时越过一片开满野花的荒地，西洋杉点缀在丘陵平原间
6. 远远望去的冬青大道，圆柱像是从草坪上长出来的

绿茵茵的草坪上，矗立着巨大的人工力量下的绿篱圆柱，同时，在草坪的边缘入口处，还有自由浪漫的花境园，在这样的一个景观构架中，两个不同的景观元素再次对视和对话，使空间里的视觉冲击，带来了意想不到的景观效果。

12个主题花园在占地 8 英亩（约3.24公顷）的正式花园内，有规整的小径，有蜿蜒曲折的小径，可以引向不同的区域，而每个区域都有其独特的主题。花园里的香草园，保留着很传统的设计：工工整整的树整形大门，对称的图形，古香古色的装饰，完好地体现着18世纪的古典风格。穿过自由的风景园，也有欧式规则小花园，白色的座椅是对称式小庭园的标配，形成端景的透视焦点。

1. 秋天收割后
2. 穿过自由的风景园，也有欧式规则小花园，白色的座椅是对称式小庭园的标配，形成端景的透视焦点

英国的很多花园又叫花房，花园就像一个怡人的房间，树做墙壁，缀花草坪做地毯，台上摆着插花和雕像，风和花香在自由流动，美得让人难以平息。在阿利庄园，每到一个主题的花园中，总有一张白色或其他颜色的凳子等着你坐下来，在这个大自然的客厅里感受鸟语花香、感受人情世故。

12个花园如玫瑰花园、厨房花园、主人花园、岩石花园等各有主题，每个主题花园中生长着各种色系的花序成丛散布于花园的绿色空间中，表现出疏朗又散漫的情趣。

1
2

1. 座椅前迷你的雕塑和植物组合，是典型的对称布局，精致优雅
2. 花园中的雕塑生动有趣，颇具生活气息

1. 喝着下午茶的人们与吃着草的羊群
2. 每个庄园花园都会在丛林中设置一片适合野餐的地方，层林尽染的秋色中，看着动物在身边走过

这些空间里的花，看似随意，实则用心所致。英国很多花园都是由园丁团队打理。阿利庄园也不例外，是由专业的团队进行配置、打理，所以每一株植物、每一株花卉都是恰到好处地组合在群落中、草坪上、绿篱边，空间里面没有多余的杂草位置。

打动人的小细节，处处体现英国人对生活的热爱、对园艺的热爱、对自然的理解。阿利庄园百年来的奇花异卉，不断在筛选中更迭，丰富多样的园艺品种和作为一个现代花境的起源地位，使它成为热衷植物、园艺配置、园林造园等专业人士和园艺爱好者以及游客向往的胜地。

阿利庄园及花园最让人记忆深刻的是影响了世界园艺发展的那条防火墙与紫杉篱边的带状美丽花境，因为它是现代花境的起源地并不断地展示它经久不衰的魅力（庄园100多年来一直由阿什布鲁克家族统治和管理）。

花境不仅仅在它的起源，而且在历史长河中一直保持着古典的审美、生活的情趣，以及不断创新的空间，成为园艺人士教科书般的花境学习地。

从阿利庄园4~11月的花境中的植物品种中，我们可以看到有成丛的芳香的月季、直立的蜀葵、飘逸的鼠尾草，在四季里创造出和人们之间那种良好和亲密的互动。所以说4~11月之间的争奇斗艳，完成了波澜壮阔的时空与立体交织的那种自豪。

防火墙边的带状美丽花境外的庭园同样充满了魅力和故事，如厨房花园、茶室花园、雕塑花园等。

Biddulph Grange Garden
比多福庄园花园

18 世纪中叶建成的比多福庄园花园

极具异国情调

开启了英国发展国际风格花园设计的新时代

园林设计师：詹姆斯 · 贝特曼（James Bateman）
建筑师：托马斯 · 布尔（Thomas Bower）

1 比多福庄园建筑
2 茶室
3 商店和冰淇淋甜品店
4 植物中心
5 厨房花园
6 停车场和野餐区域
7 入口
8 意大利园
9 湖区
10 美洲园
11 草地网球
12 菩提大道
13 隧道
14 草地保龄球场
15 中国园
16 大丽花步道
17 埃及园
18 柴郡别墅
19 松林
20 植物园
21 巨杉大道
22 林中步道
23 地质画廊

1861年，詹姆斯·贝特曼（James Bateman）和他的儿子由于资金问题，放弃了比多福农庄的管理，詹姆斯搬到了伦敦居住；1871年，农庄卖给了当地的企业家罗伯特·汉斯（Robert Heath）；1896年，一场大火使房屋烧毁后，由建筑师托马斯·布尔（Thomas Bower）设计重建；1988年，英国国民托管组织获得了农庄建筑和花园的所有权，并着手复原农庄初建时的面貌，1991年正式向公众开放。

如今我们看到的花草，大部分是修建后的翻本。庄园的建筑在1923年被改作医院，几经演变，再加上医院的扩张对花园的侵蚀，到1960年庄园已难以找到初建时的面貌。

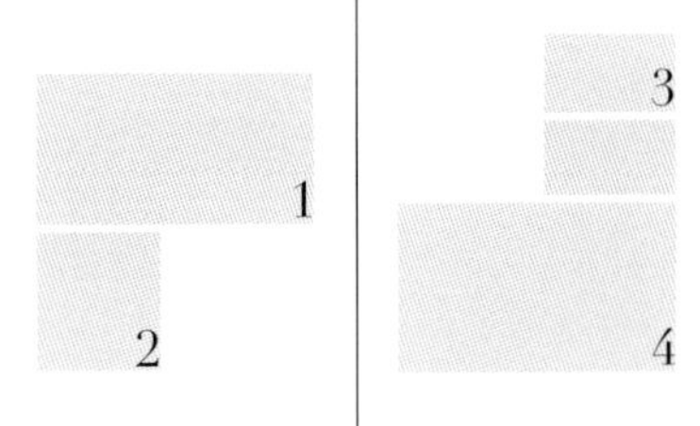

1. 从花园看庄园建筑主体
2. 庄园建筑轴线上的模纹花坛
3. 规整的绿篱
4. 维多利亚时期花园的杰作，一个古怪、嬉戏的天堂

1. 著名的大丽花步道
2. 各色鲜花簇拥着，美不胜收

边上的整齐划一的绿篱，似一排排的“战壕”和“炮台”守护着城堡。绿篱被修剪得精致有加，置身其中仿佛掉入维多利亚时代的电影情节，人们可以在花园里、迷宫里随意地奔跑，成为花园里一个互动的风景元素。

整个农庄的空间框架灵活地采用园中园的设计思路与建造原则，将不同国家的风景、哲学思想、设计风格紧密结合，用树篱、假山、坡地以及种满世界各地的花草树木将各个具有独立主题和风格的花园单元进行有机分割，并由富有特色的道路串联所有花园空间。

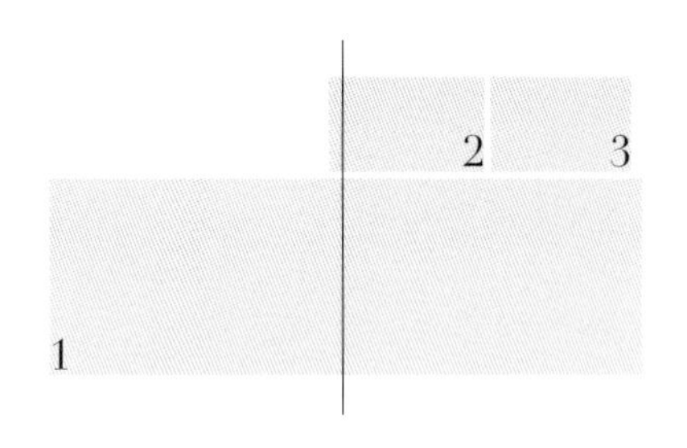

1. 花园中使用由挖湖池的泥土堆筑坡地，并将其在世界各地搜罗到的花草树木珍藏其中
2. 据说遇到锦鲤会有好运，我就走到湖边，买了点吃的，坐到岸边抛鱼食给锦鲤吃……看，它们都过来了
3. 正因为有了这个水面，让整个花园更生动

英国比多福庄园内的中国园，运用了很多中国元素，设有三处具有特殊意义的中国景观（长城、金牛、木质亭阁）。在“长城”边上设置了亭台楼阁、池塘、景石。

中国园内，英国人的脑洞是大开的，镀金水牛座下草坪上用酱紫色花草拼出的有图腾意味的龙凤图案，色彩鲜明中挂着铜制铃铛的木质亭阁和亭阁顶端镀金的塔尖样的饰物，以及亭阁前鲤鱼漫游的池塘和拱形木桥。詹姆斯是一名企业家，同时又是斯坦福郡田园会的会长，是当时英国皇家园艺学会植物勘查委员会成员，也是一名有园艺热情的企业家。农庄的花园建设初期是用来展示他广泛收集而来的植物种植样本。他收集了大量世界各地的杜鹃花、兰花等品种，回来后在花园里试种，对丰富庄园的品种，以及为英国的花园植物的品种丰富，起到了很大的作用。

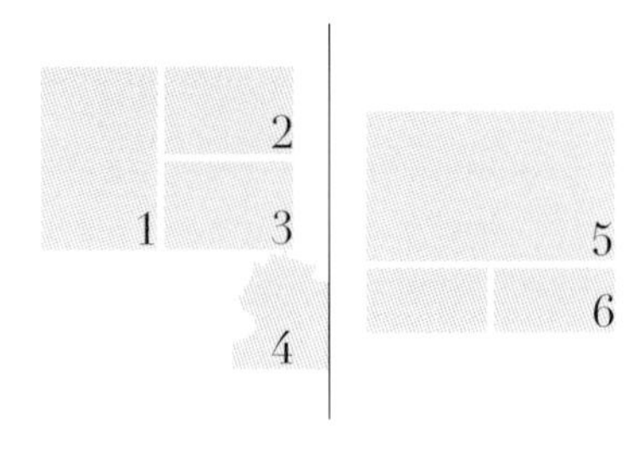

1. 明亮，大胆，充满异国色彩，金色点缀其间
2. 镀金水牛
3. 当时英国人眼中的“中国龙”
4. 英国人眼里东方气息的中国亭台楼阁
5. 每个花园都被树篱隔开，沿着小路从一个空间进入另一个空间就像旅程一般充满各种乐趣
6. 两个狮身人面像守卫着埃及隧道的入口

詹姆斯·贝特曼创建的这座令人惊叹的维多利亚花园，收集了世界各地的植物，植物的来源从台地的意大利到有金字塔的埃及，从中国的长城边到喜马拉雅山上。

4

1. 园中安静的小路通往维多利亚时期的小屋
2. 苔痕上阶绿，草色入帘青
3. 野鸭在碧波荡漾的湖水中嬉戏，荡起层层涟漪
4. 巨杉步道上散布着落叶

Biddulph Grange Garden

风景里的庄园，庄园里的风景，当你、我、他散步在庄园里时，你、我可能就是别人的风景。当然你们也是我的风景，每到一个地方都会看到你们，好像我从未离开一样。哈哈，你们是不是也在跟随我的足迹，热爱这草、这花、这湖、这园？

更渴望像水鸟、鸭子一样游荡在湖中，像林中飞羽一样欣赏着羽下的美景，更或像庄园主人与客人一样生活在如斯的画中。整个庄园的大丽花道、东方中国元素、参天大树漫步道或许都是花园引人入胜的故事与风景。

Bodnant Garden
博德南特花园

世界最美的十大花园之一

拥有“英伦玫瑰”的美誉

是的，它就如同一朵绽放在英国土地上的玫瑰

美丽而低敛，散发着幽香

开始建造：亨利· 戴维斯·波钦（Henry Davies Pochin）

园林设计师：阿伯康韦勋爵（Lord Aberconway）和阿伯康韦夫人（Lady Aberconway）

目前属于：阿伯康韦男爵三世（曾任英国皇家园艺协会主席）

Overflow Car Park
Children's Play Area
Car Park
Winter Garden
Old Park
Yew Dell
Acer Glade
North Garden
Terraces
Shrub Borders
Arboretum
The Dell
Magnolia Walk
Skating Pond
Furnace Hill
Furnace Meadow
1 游客中心
2 出入口
3 东园
4 前厅草坪
5 玫瑰园
6 北园
7 梯田景观
8 磨坊
9 木兰步道
10 老磨坊
11 池塘
12 欢乐草坪
13 冬园
14 金缕梅拱门
15 石楠属山丘
16 槭树林
17 林地
18 紫杉
19 诗意之地
20 瀑布栈桥
21 植物园
22 溜冰池
23 船屋

1 2 3 4 5

1. 自然和建筑融为一体
2. 博德南特花园的建筑非常具有温馨感
3. 道路的尽头仿佛融进了威尔士的群山中
4. 巧于因借，精在体宜，意大利台地园的高差完美借景雪墩山国家公园，朵朵白云倒映人工池塘中
5. 建筑完美倒映在水中

1874年，一位名叫亨利· 戴维斯·波钦（Henry Davies Pochin）的药剂师开始建造这个园子。他的后代亨利·麦克拉伦（Henry McLaren）开始将博德南特花园发扬光大。亨利·麦克拉伦资助了两位苏格兰植物学家去南美和中国云南采集植物，然后在博德南特花园种植了这些来自异域的花草树木。将近一百年后的今天，英国最古老最稀有的大树都聚集在博德南特花园那最美的仿佛具有魔法的小溪谷中，我觉得不会有人能够抗拒这条溪谷的魔力，不过还是回过头再说一说这座花园的历史和今天，因为这解释了为什么这座将近150年的花园，能越来越生机勃勃。

1 2 3 4 5 6

1. 磨坊前的景观，绿篱与垒石墙更多结合
2. 磨坊前的长条带状池塘与边上的月季，清晨的天空好像也被花儿染成了粉色
3. 晚秋，朵朵睡莲，简单的一个水池，和建筑产生关系，大树作为背景，一切都是那么完美
4. 矩形水景倒映出周围舒展的林冠线
5. 不同角度的景观，景致都是宁静优美的
6. 园中最美的标志性雕塑

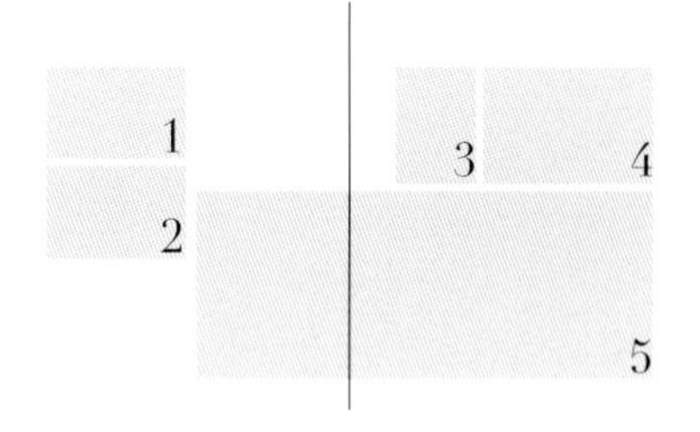

1. 深秋的池塘
2. 展示花园
3. 打造一个短季节性的展示花园不算难，小品的点缀让花园四季皆有风韵
4. 小水盘是点睛的小品
5. 规则的绿篱围合的小花园

博德南特花园主人是在1949年开始委托国家信托基金管理的。花园如今的主人是阿伯康韦男爵三世，不仅曾任英国皇家园艺学会（RHS）主席，还参与过切尔西花展的规划。因此，虽然交给国家信托基金，但园子主要还是由他着手管理，由此可见，专业的、细致的养护是名园越来越有魅力的保证。

博德南特花园占地80英亩（约32公顷），面朝壮丽的雪窦山脉，花园本身因为地形的不同，有山地、峡谷等不同地貌，还拥有丰富的水源和大型本土树木，很多树木都生长了1800余年，而这都成为了花园的一部分。

花园通过地形自然而然地分为两个部分——上花园和下花园。上花园包括主人的住宅和精美正式的花园，越往下走，越是野趣十足，仿佛到达爱丽丝梦游仙境的场所。

住宅部分是维多利亚时期仿都铎式建筑，沿着建筑左侧台阶向下而行，到达芳香四溢的玫瑰园，各色玫瑰浓而不妖。

如果从繁花似锦的丛林中走来。整个花园就如同一朵绽放在英国土地上的玫瑰，美丽而内敛，散发着幽香。园内种植许多国外引进的植物物种，经过100多年的收集，并通过剪枝嫁接等手段，目前这里的植物品种极为丰富。可观赏到来自世界各地的奇花异草，令人大开眼界。沿着古堡左边的台阶走下来，是一处芳香四溢的玫瑰园，各种颜色、各种香味的玫瑰竞相开放。小细节，小风景，无处不在。无论哪个季节，博德南特花园都能有新的色彩。

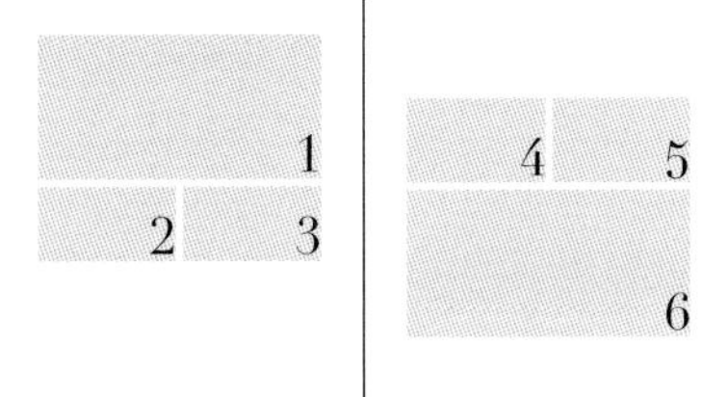

1. 观赏草的高低错落，形态各异，搭配开花植物，让观赏视线保持通透
2. 坐在风景中，观赏风景，成为画面的一部分
3. 游学团在 2017 年的 11 月再次来到这里，留下我们对花园的热爱，带走英国花园设计的感悟和理解
4. 环保生态的小木屋邻水而建
5. 台地园的护坡形式与精致的种植搭配
6. 深秋的清晨，林中的云雾还未完全散去，花园充满仙气

深秋季节，人们依旧可以在这里留下对花园的热爱，并感悟和理解英国花园设计的精妙以及与中国造景手法的对比。英国老人最爱的休闲方式，就是在花园中闲庭信步。在河边漫步，有幽静的森林，有秋色，有可以休憩的小木屋……

博德南特花园非常大，前面是由人工精心打造的花园，而穿过磨坊，沿着这条小河，穿过木栈桥，就来到自然花园，这里的花园更加野性，也是整个博格南特花园最美的地方。这是一条被施过魔法的溪谷，穿过陡峭的树林一路下

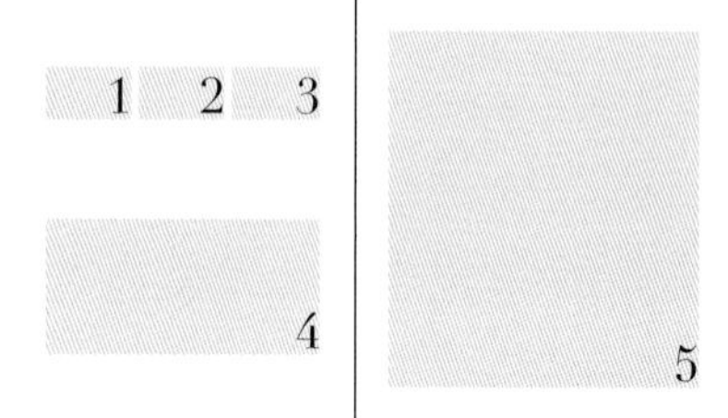

1. 小桥流水，溪水潺潺，落花与流水的邂逅
2. 水是清澈见底的，让人忍不住想品尝是否清甜
3. 溪流边是大朵大朵开着正艳的绣球，粉红色、蓝紫色、粉紫色……
4. 沿着小道，随着川流不息的溪流，弥漫在田园的花香
5. 更有野趣的下花园

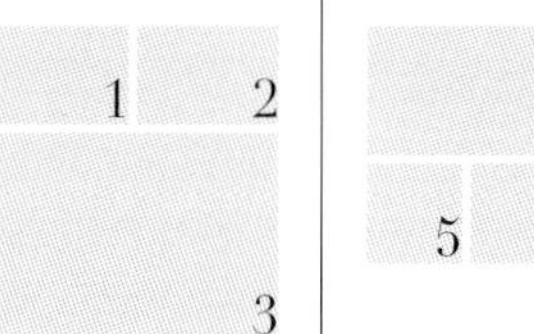

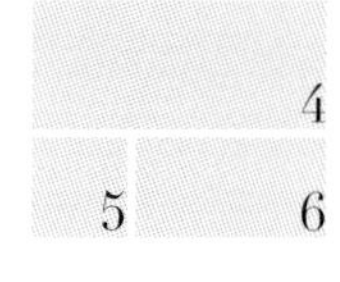

1. 自然生长的后花园，另一幅人间天堂的“枫景”
2. 农场里放养的绵羊，淡定、悠闲，组成了英国独有的田园风光
3. 大树下优美的园路弧线
4. 著名的金莲花棚架长廊，可惜的是旁边金莲花拱廊弧形花架还没到花期，但可以想象，当鲜花开满的时候，是何美景
5. 英伦玫瑰浓而不妖，低调内敛地盛开
6. 河边湛蓝湛蓝的绣球花

行，映入眼帘的是一个有着绿色青草覆盖的屋顶的小石屋，那是老磨坊。老磨坊边是叮咚作响的溪流。水是清澈见底的，让人忍不住是否清甜，溪流是顺势而下的，圆圆的溪流石上长满了青苔，溪流边丰富的蕨类植物与蓝色的八仙花增加了整条溪流的自然属性。沿着溪边漫步，映入眼帘的是100多年历史的红杉参天大树和变色的枫树，当然更多的还是绣球花。最后到达的是瀑布桥，你会发现这里所有小品的材质都是自然的、纯粹的。

博格南特花园的秋天是深红色、琥珀色和金色的“烟花”汇演，展现出与其他季节截然不同的色彩缤纷。

1 2 3

4

1. 树上的装饰彩旗很有特色
2. 挂在树上的灯具拥有浓浓的生活气息
3. 写满注意事项的黑板
4. 鲜艳花卉映衬的建筑，满园春天的模样

Bodnant Garden

博德南特花园的建筑外表小巧玲珑、简单舒爽，不管是穿过隧道的入口还是主人驾车回家之道，一切都非常美好。但真正美丽的、值得称道的就是它的花园，借景最成功的是意大利台地水景园，它不仅借了远处的雪山，还借了云彩，纯美的溪谷花园和以溪流、苍天红松、草甸和蓝精灵绣球花、高山杜鹃、变色枫树组合的植物世界。最美妙的是在这里四季花在一个季节同时开放，如杜鹃、绣球、玫瑰、广玉兰、紫玉兰和变色的秋色枫树。国内只能在方案效果图上可以看到春景秋色同步，但在博德南特我们看到了，四季的美景都在这里看到了。人们可以一度迷失在“花景”里，又一度迷失在“枫景”里。

Chatsworth House
查茨沃斯庄园

电影《傲慢与偏见》中的查茨沃斯庄园

美的就像一幅油画

身处其中

你才明白现实比之电影有过之而无不及

人们惊叹于它蕴含着高雅含蓄

却又奢侈的贵族气质

17 世纪 90 年代规则式花园设计师：乔治 · 伦敦（George Lodon）和亨利 · 怀斯（Henry Wise）

18 世纪 60 年代西面的公园和房子南面的萨里斯伯里草坪（Salisbury Lawns）设计师：朗塞洛特 · 布朗（Lancelot Brown）

1843 年帕克斯顿（Paxton）的水渠和湖泊更接近法式巴洛克风格水房由托马斯 · 阿切尔（Thomas Archer）设计

自然式花园改造由布朗完成

温室设计：19 世纪初期约瑟夫 · 帕顿（Joseph Parton）掌管花园，并建造了建筑东北角从弗洛拉神庙（Flora's Temple）向北延伸的大温室——或者叫“墙体温室”

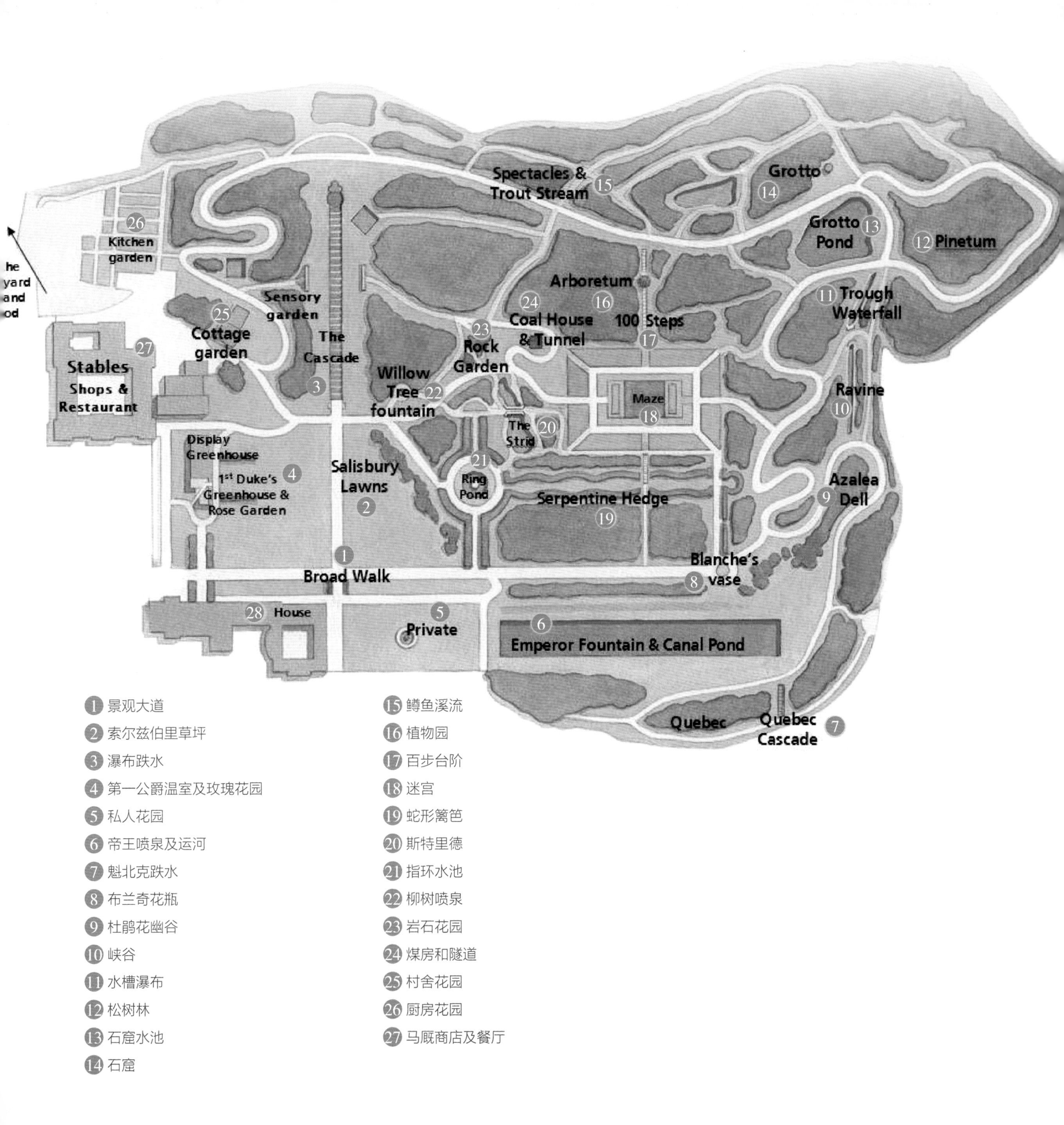

Spectacles & Trout Stream 15
Grotto 14
Grotto Pond 13
12 Pinetum
26 Kitchen garden
Arboretum 16
24 Coal House & Tunnel
100 Steps 17
11 Trough Waterfall
Sensory garden
25 Cottage garden
The Cascade 3
23 Rock Garden
27 Stables Shops & Restaurant
Willow Tree fountain 22
Maze 18
Ravine 10
The Strid 20
Display Greenhouse
1st Duke's Greenhouse & Rose Garden 4
Salisbury Lawns 2
21 Ring Pond
Serpentine Hedge 19
Azalea Dell 9
1 Broad Walk
Blanche's vase 8
28 House
5 Private
6 Emperor Fountain & Canal Pond
Quebec
Quebec Cascade 7
1 景观大道
2 索尔兹伯里草坪
3 瀑布跌水
4 第一公爵温室及玫瑰花园
5 私人花园
6 帝王喷泉及运河
7 魁北克跌水
8 布兰奇花瓶
9 杜鹃花幽谷
10 峡谷
11 水槽瀑布
12 松树林
13 石窟水池
14 石窟
15 鳟鱼溪流
16 植物园
17 百步台阶
18 迷宫
19 蛇形篱笆
20 斯特里德
21 指环水池
22 柳树喷泉
23 岩石花园
24 煤房和隧道
25 村舍花园
26 厨房花园
27 马厩商店及餐厅

查茨沃斯庄园是离曼彻斯特不远，切斯菲尔德（Chesterfield）9英里（约14.48千米）外的一片世外桃源，德比河谷充沛的水汽令这里一派生机勃勃，几百年的古树也郁郁葱葱。也许这个正统的名字会让你稍稍有些陌生，如果换成达西庄园，是不是就觉得非常熟悉？这是电影《傲慢与偏见》里的达西先生（Mr. Darcy）的家。此外，获得过奥斯卡最佳服装奖的《公爵夫人》（*The Duchess*）、电影《狼人》（*The Wolfman*）也在这里取景，电影里的女主角乔治亚娜就是德文郡的公爵夫人。这个英国最美的庄园之一，经过卡文迪许家族16 代的传承，演变了5个世纪的超级庄园是非常气派和值得一看的，规整的园林与周边的山脉巧妙地融合在一起。

CAVENDO. TVTVS.

全英十大豪宅之一查茨沃斯庄园是世袭德文郡公爵（Dukes of Devonshire）的豪宅，庄园面积1000多英亩（400多公顷），位于英格兰的北部峰区国家公园内，是峰区公园一个最有名的景点之一，是英国文化遗产的一个重要部分，维多利亚女王18岁的生日晚宴就在这里举行，英国人称这里为“山顶上的宫殿”。它于1696年修建。1703年，托马斯·阿切尔（Thomas Archer）在跌水的顶部的喷泉口设计了一个大巴洛克亭。1994—1996年，庄园花费将近1万个工时，对跌水进行大规模的修复。2004年，该跌水被45位园艺专家组成的评审团评选为英格兰的最佳跌水。它拥有24个经过切割的台阶，每个台阶的纹理变化都不一样，当水流从台阶上流过的时候，能够发出不同的声响。达西庄园最初就是建在峰区一处风景优美的坡地上的，因此花园内的很多景致都是依照原始的地理优势及资源而进行精细化修整而成的，所以既自然又精美，令人印象深刻。

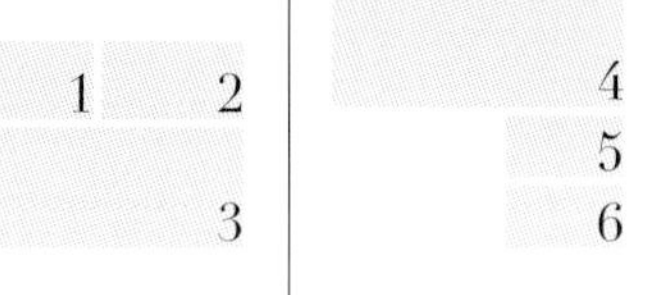

1. 查茨沃斯庄园
2. 现代流线型雕塑与背景古典美学建筑，形成一种视觉反差
3. 每个台阶的纹理变化都不一样，浅浅的水流让孩子们情不自禁走上去，并乐在其中
4. 那段宛如明信片般美丽爱情的起源，原本即是为了和这风景相互依托
5. 主建筑正前方的海马喷泉
6. 餐厅和温室掩映在花园中

1843年，俄国沙皇尼古拉一世知会第六任公爵，表明其来年到访查茨沃斯庄园的意愿。公爵为了迎接沙皇，决定建造世界最高的喷泉，并命帕克斯顿（Paxton）着手工作。于是，在庄园上方110米的荒野上，挖掘了一个3.2公顷的湖泊，为喷泉提供自然水压。工程日夜赶工，仅仅在半年内便竣工。运河池（canal pond）于1702年挖掘，是一个287米长的矩形湖泊，位于跌水庄园的南边。花园进行了大规模的种植，包括在1759年从美国费城引进了很多特别的美国物种。这项工作的主要目标是提高花园和公园的融合度。布朗的2.25公顷萨利斯伯里草坪（Salisbury Lawns），至今还是跌水的大背景。

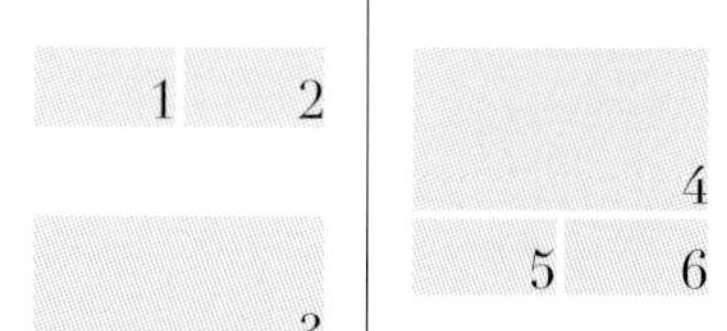

1. 历史的隽永在此刻定格，喷泉的水柱喷射高度可达 90 米
2. 经典与未来展现在同一个时光轴上
3. 阳光从低低的云层里洒下光芒，雨后初晴的空气里，湿润的草坪和树木上还挂着滴滴雨珠，喷泉散射出的水雾拂面吹过，带着沁人心脾的清新
4. 将生机勃勃的田园风光借景引入，古树也郁郁葱葱
5. 极目四望，尽收眼底的山野、丘陵都是随性的美
6. 一步一步地度量，一处一处地观赏

环形池塘里的“柳树喷泉”开拓者旅行者西莉亚·费因斯写道：“突然之间，每个叶子和树枝都像雨淋一样，每个叶子都是由黄铜和水管制成的，完全像柳树”。

1
2
3

1. 树形修剪得像不倒翁一样，放置在圆形水池的四周
2. 喷泉的水柱，增加空间的灵动性
3. 水池的四周，放置了现代的流线型雕塑，规则与自由的融合

四世公爵委托风景园林师万能布朗（Capability Brown）将花园改造成当时流行的自然主义风格。很多池塘和花坛都被改造成草坪，但几个重要的小品还是零星分布着。

1939年，第十公爵夫人玛丽改造了这里并称之为玫瑰园。她用红豆杉围合区域，种植了混合茶玫瑰。几乎所有的雕像和装饰品都被移走了。中央的石头床现在是房子内院的一个喷泉，沿着玫瑰花园中央路线摆放的石柱来自房子的内庭。

1 2 3
4

1. 修剪的圆柏和罗马柱的结合，定制出一条路径
2. 郁郁葱葱的树木衬托着这些古希腊石柱
3. 蛇形树篱（serpentine hedge）是由种植于 1953 年的矮紫杉组成的波浪形走廊，从指环池塘连接到第六任公爵的雕塑
4. 鲜绿的草坪，墨绿的绿篱，白色的雕塑点缀其间

1 2
3

4
5

1. 远处气势恢宏的建筑，一片绿意里露出秀美的棱角
2. 修剪得趣味十足，绿得层次分明
3. 如同电影中的女主角伊丽莎白一样，一踏进这座宅邸，你就会被它的华丽所震撼
4. 规整的玫瑰园里散发着浪漫典雅的气息
5. 随处可见这样精致的小花园

现代雕塑材质也是从青铜到天然石材抑或现代材料玻璃纤维增强混凝土（glass fiber reinforced concrete，GRC）、玻璃钢等。作品如由伊丽莎白·芙林珂女爵（Dame Elizabeth Frink）设计的“战马”（War Horse）与“行走中的麦当娜”（Walking Madonna）。后花园的造景因地制宜，借助地势营造溪流沿小山谷顺流而下。

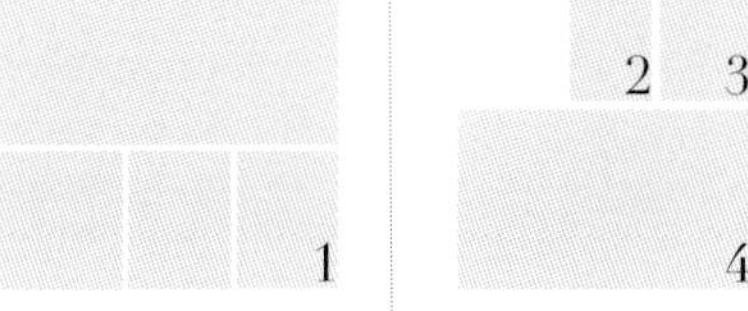

1. 庄园内拥有各个时期大师的雕塑
2. 岩石园的针叶植物
3. 岩石园堆叠的山石
4. 绽放秋天的金黄

1 2
3

1. 现代生活
2. 田园牧歌
3. 建筑、花园都是在与人不停交互间不断实现价值

查茨沃斯庄园是多部电影取景地，为什么那些诉说着古老、唯美的电影都纷纷选择这里？我想这就是这座散发着唯美、精致、奢华，却又含蓄优雅的古老庄园所传达的贵族精神吧。

这个105英亩（约43公顷）的后花园在过去的450年里一直在被修整和改进着。不论是300年历史的瀑布，还是巨大的植物迷宫，假山、玫瑰、开阔的草坪、历史年久的雕塑，闻着大自然散发的各种清新的味道，或花香、或新鲜土地的气息。间或伴随入耳的是鸟类的叽喳声。给人一种身处世外桃源之感。在查茨沃斯庄园可以感受一个贵族式的亲近时空自然之旅，因为这里穿越了时间和空间，回望过去并展望着未来。

Chartwell Gardens
查特维尔庄园花园

查特维尔庄园是丘吉尔的故居

这个庄园是丘吉尔见过的最美丽最迷人的地方

于是丘吉尔拥有了它

并打造了迷人的花园

1382 年，亨利八世（Henry Ⅷ）曾在此向安妮 · 博林（Anne Bdeyn）求婚

1848 年，约翰 · 坎贝尔 · 科尔昆（John Campbell Colquhoun）购买了这座庄园，进行增建

1922 年，著名的英国首相丘吉尔成为庄园的主人

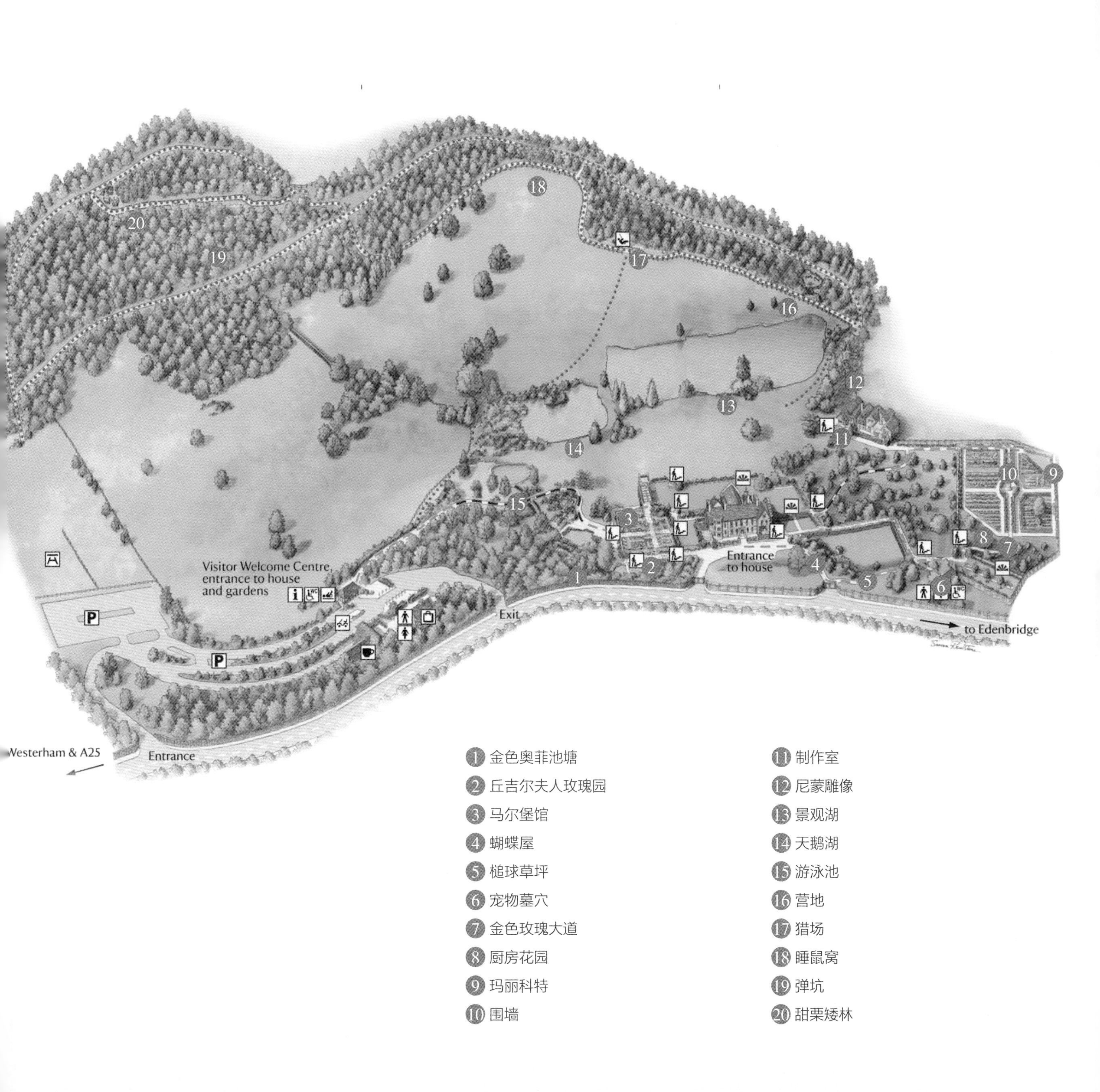

Visitor Welcome Centre, entrance to house and gardens
Entrance to house
Exit
to Edenbridge
Westerham & A25
Entrance
1 金色奥菲池塘
2 丘吉尔夫人玫瑰园
3 马尔堡馆
4 蝴蝶屋
5 槌球草坪
6 宠物墓穴
7 金色玫瑰大道
8 厨房花园
9 玛丽科特
10 围墙
11 制作室
12 尼蒙雕像
13 景观湖
14 天鹅湖
15 游泳池
16 营地
17 猎场
18 睡鼠窝
19 弹坑
20 甜栗矮林

这座庄园一如那些著名的英国庄园、城堡那样历史悠久，最早可追溯到 1382 年，亨利八世曾在这里向安妮・博林求婚。1836 年，它被拍卖并改建为一座砖造庄园。1848年，约翰・坎贝尔・科尔昆购买了这座庄园，进行增建。1921 年 7 月，丘吉尔和他的妻子第一次来到查特维尔庄园，他站在豪宅前的花园中，被对面肯特山谷壮丽景色深深吸引。1922年9月，丘吉尔以5500英镑的价格购买了查特维尔庄园，此时的它，已是一座有着红砖山墙和巨石窗户的都铎王朝风格英式乡村豪宅，丘吉尔在这里汲取灵感直到生命结束。它为什么会征服如此多的名人呢？走访这座庄园之后就会拥有答案。

1. 典型的英式红砖建筑
2. 蜜蜡色砂岩的休闲凉亭
3. 丰富的墙垣植物
4. 爬在墙垣的红色玫瑰
5. 英式经典的围墙花园
6. 错落种植的台地

1. 建筑与植物相辅相成
2. 层层台地形成场地内的俯视
3. 蓝紫色和白色的铁线莲丰富了整个墙体
4. 道路边丰富的植物组群，让人心情愉悦
5. 所有的挡土墙没有厚实、笨重的裸露，都用植物进行柔化和遮蔽

山坡花园最代表丘吉尔对景观和自然的热爱。那些由他本人设计出来的湖泊，厨房花园和各色的玫瑰花园，还有他为最小的女儿玛丽设计的剧场，整座花园无处不体现出他对家人和家庭生活的热爱。

查特维尔庄园不仅仅是一所房子，更是一个广阔的花园，它拥有丘吉尔画作收藏的工作室和超过80英亩（约32公顷）的庄园。所以即便花上一整天时间，你可能都无法看清它的全貌。

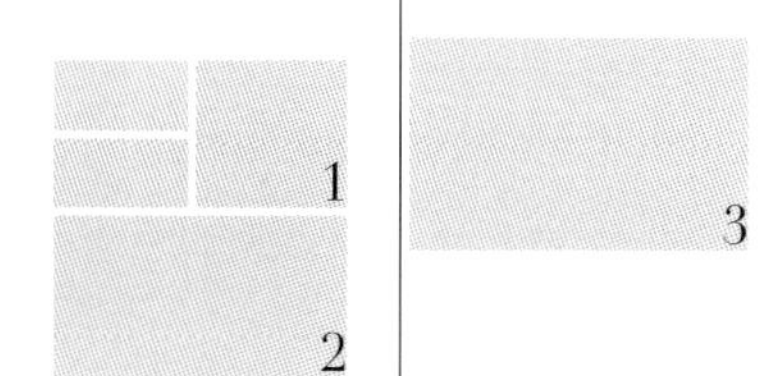

1. 各种色彩搭配而成的墙垣植物，让花园的每一个季节都拥有活力
2. 墙、窗与攀缘植物深绿与浅绿之间，好像一场色彩的游戏
3. 金玫瑰大道

1 2
3 4

1. 鸭子们在这里愉快、自由地生活
2. 来自旧石板斑驳的历史感
3. 入口简单而宁静
4. 庄园有一个小型的动物园

坐在查特维尔庄园的湖泊旁边野餐垫上享受野餐，也享受来自英国的阳光，享受夏日的微风，享受优雅地滑过水面的野鸭，享受咖啡馆的一杯热咖啡，都非常美妙。

作为丘吉尔的故居，查特维尔庄园不仅拥有典雅的建筑，还拥有低调、优雅的花园，这个花园流露着不动声色的美丽。

在这里可以看到丘吉尔先生亲自参与设计和修建的花园、湖泊和泳池，从入口一路曲径通幽的花园小道，然后经过湖泊、高低错落的植物群落，最后到达花园的门口。 所有的设计都显得那样的顺畅与自然、静谧与优雅，山坡上潺潺的溪流之水流入了一个个精心设计的湖泊之中。而水的流动与循环，恰恰带来了花园当中有着动感的风景要素。水边有喝水的鸟类，有摇曳的水生植物，更有地形的塑造，把远处的山脉连绵不断地引入到花园之中。

所谓远山借景，情景交融，步移景异，花开无度，查特维尔庄园的入口花园道路是精心设计的，当我们拾级而上，进入它的花园的时候，花园里的花境、花园里的台阶、花园里的亭廊，巧妙地分布在每一处功能空间，眺望远处可以看到查特维尔庄园还拥有玫瑰大道、厨房花园、花园中的画室、天鹅池、采石场等。整个花园空间分布美妙，竖向层次丰富，步道空间视觉各异，都是这个花园的精妙之处，也反映了丘吉尔先生对生活和花园的向往，更是从首相走到花园主的真实体现，同时花园的建筑保留了丘吉尔生前居住时的原样，可以观赏画室里悬挂的100多幅他的画作，可以购买到勾勒出他家庭生活画面的书籍、画册、纪念品，所以查特维尔庄园是与历史、名人、自然构成一曲凝重而恢宏的传奇史诗。由于遥远，大多数国人通过影视作品认识这些城堡、庄园，像是《唐顿庄园》的海克利尔城堡、《哈利・波特》的安尼克城堡、《简・爱》的哈登庄园。而唯有查特维尔庄园，它不需要这些影视作品就为人所熟悉，因为它与最伟大的英国人丘吉尔紧密地联系在一起。

Dunham Massey Garden
邓哈姆·梅西花园

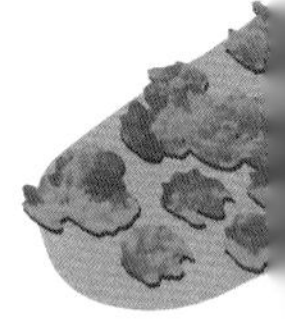

每一片风景都有属于各自的季节

而深秋就是这片土地的情怀

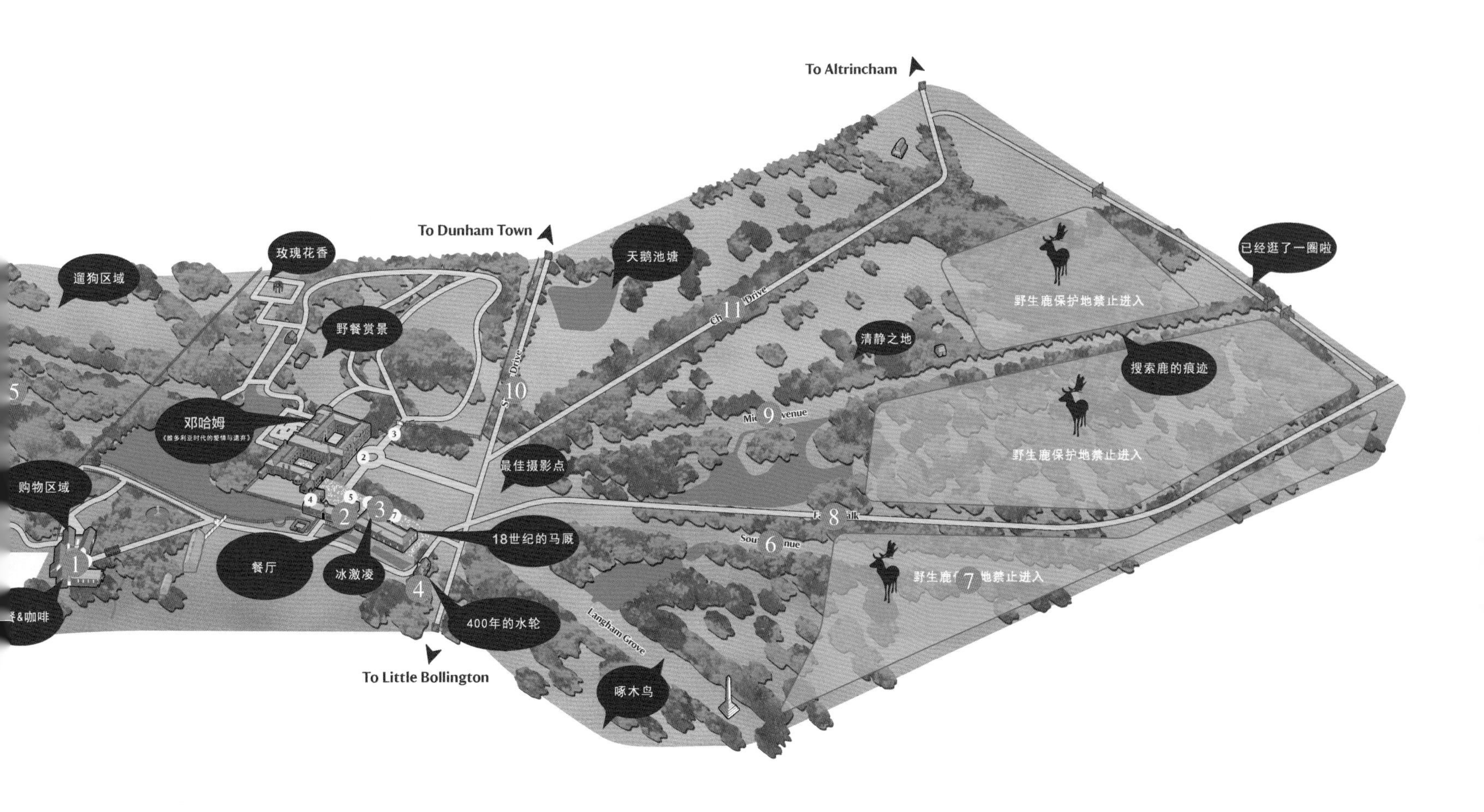

1 访客中心
2 马厩餐厅
3 马厩入口
4 磨坊
5 北边公园
6 南大道
7 鹿保护区
8 农场道路
9 中央大道
10 铁匠大道
11 深灰色大道

邓哈姆·梅西花园是一个属于英国国民自然信托基金会（National Trust）的保护景区，包括梅西家族四五百年前的宅邸，以及一片百余亩的鹿林，鹿林中丛生着300多年前种下的古老橡树，并有150多只野生的黇鹿。花园坐落在英王爱德华时代遗留下的府邸上，面积30英亩（约12公顷）。邓哈姆·梅西花园的300英亩（约121公顷）鹿公园的历史可以追溯到中世纪，花园现在为游客和野生动物提供了一个宁静的天堂。

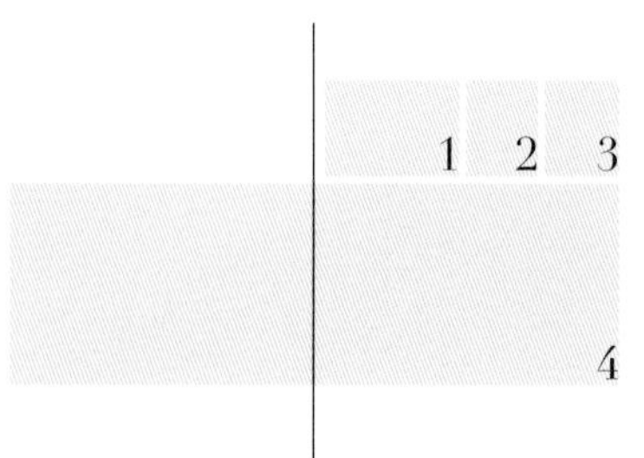

1. 在郁郁葱葱的绿树和鲜艳的色彩中放松身心
2. 欢迎来到邓哈姆·梅西，是曼彻斯特城市蔓延和柴郡乡村宁静之间的绿洲，向着那片景色，我们踏上欣赏游学的旅途
3. 入口塔楼，摄政风格的艺术特征的建筑
4. 宅邸建筑正立面

National
Trust
Welcome
Dunham Massey
Opening Times
Prices

1	3	5	
2		6	7
4			

1. 游客也融入了花园里
2. 卫矛作为灌木片植，易于养护
3. 深秋，呼吸着略微冷清潮湿的空气，空旷、宁静、和谐
4. 观赏草与灌木结合，展现属于秋天的色彩
5. 在花园中放松，探索其历史特色，如橘园、泵房、维多利亚树皮屋和伊丽莎白山的遗迹
6. 玫瑰园爬满藤条的凉亭
7. 不需要围墙，借景大自然的河道和远处的林地，一侧是规则的花园，一侧是如画的田园

1 2
3

1. 秋色寂寥却又绚烂
2. 掩映在自然中的咖啡店是每个花园的标配，不仅让游客休息，也是文化的延续
3. 从伯爵的树皮屋可以欣赏到草坪的全景

邓哈姆·梅西花园有着不同的魅力：

（1）视觉：整个花园外围拥有大面积的林地、草坪，从而成就了开阔视野，而河流则蜿蜒经过花园，伴随着阳光洒落湖面及花园，那变幻的四季色彩吸引着你的视觉与脚步、心灵与思想。

（2）五官感觉之美：在花园里可以、看看湖面的飞羽、飞奔的鹿儿，以及鹿儿吃草时的声音，在这里感受大自然赋予我们的礼物……

（3）心灵与自然的感应：在这里让我们远离城市的喧嚣，安静地欣赏自然野性的美，感知鹿群的敏感、羞怯的松鸡……让我怀着一个园艺师的初心、好奇和学习的精神，去体验、去努力、去实现园艺让生活更美好、让心灵更纯净的梦想。

Hidcote Manor Garden
希德蔻特庄园花园

花园分为一个个不同的“室外空间”
每一个小花园都有自己独特的表情
当你从室内走向花园时
“房间”的形式就会消失

创建者：美国文化名人劳伦斯·约翰斯顿（Lawrence Johnston）

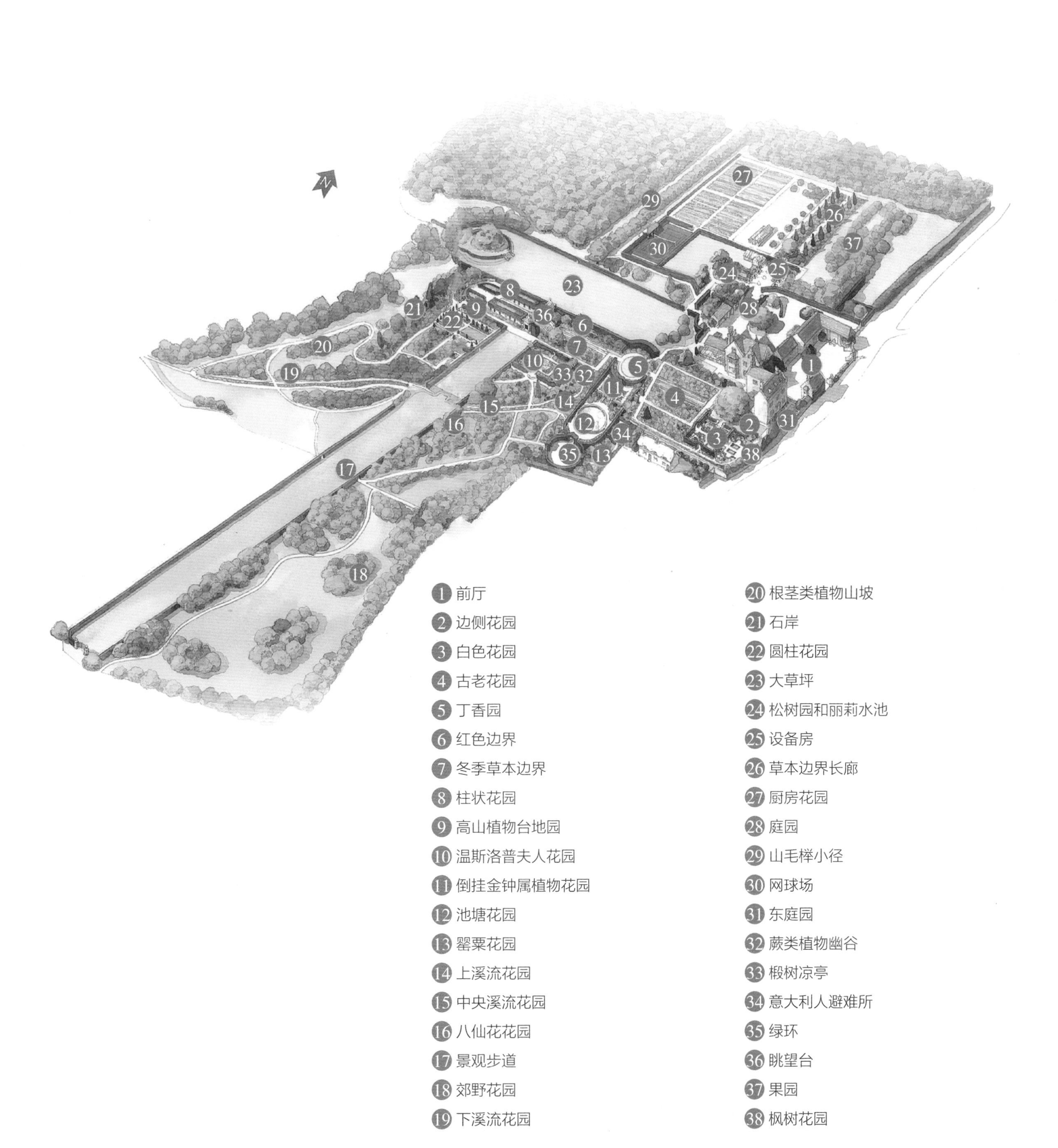

1 前厅
2 边侧花园
3 白色花园
4 古老花园
5 丁香园
6 红色边界
7 冬季草本边界
8 柱状花园
9 高山植物台地园
10 温斯洛普夫人花园
11 倒挂金钟属植物花园
12 池塘花园
13 罂粟花园
14 上溪流花园
15 中央溪流花园
16 八仙花花园
17 景观步道
18 郊野花园
19 下溪流花园
20 根茎类植物山坡
21 石岸
22 圆柱花园
23 大草坪
24 松树园和丽莉水池
25 设备房
26 草本边界长廊
27 厨房花园
28 庭园
29 山毛榉小径
30 网球场
31 东庭园
32 蕨类植物幽谷
33 椴树凉亭
34 意大利人避难所
35 绿环
36 眺望台
37 果园
38 枫树花园

科茨沃尔德地区拥有绿草如茵的起伏地形、美若仙境的森林峡谷、枝繁叶茂的参天古树，石头堆砌而成的乡村小屋及长满青苔的石块，无一不透露出精致而又有人文、历史渊源的乡村美感。全世界有无数旅游与专业园艺爱好者来英国探访乡村田园和花园之美，而希德蔻特庄园花园正是其中最典型的民间艺术花园。

入口花园

枝繁叶茂的铁线莲和贴地紫藤爬满了不起眼的蜂蜜色石头堆砌而成的乡村小屋，成串的花朵发出沁人的芳香，典雅清丽的紫色花朵与历经风雨的古老石墙相映生辉。让沧桑、历史和花园同在。

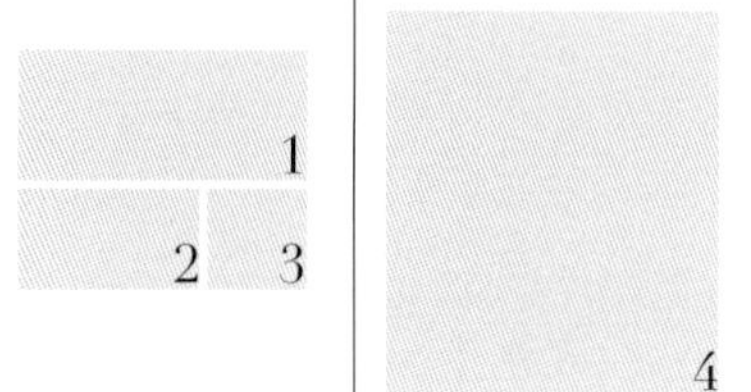

1. 花园内部顺势而建，大气精致
2. 朴素低调的大门入口，里面藏着一个令人惊奇的园艺世界
3. 蜜蜡色的石材建筑
4. 入口紫藤满花状态时的震撼效果

闲庭花园

穿过古老屋宇，一米花境园与院墙外参天大树和悠闲的天人之乐，聚焦了动美的空间，转角闲庭雅致的乡村生活，闲坐在椅子上，看尽国家大事，拥最极致享受，一园、一道、一人的无极世界。

1. 参天大树下的空间，绿篱围合，三个台阶把一个空间转移到另一个空间
2. 坐下来，感受一下花园的慢生活
3. 一块圆形的绿色草坪空间，起到起承转合的作用
4. 绿篱为夹景形成深邃的廊道

圆形花园

圆形花园是整个花园开始部分的起承转合的过渡空间，它衔接着古老花园和树篱印象园。

特型树篱印象园

颇有德式与法式园林大气与雕饰的风采。花园最突出的特点就是用红豆杉、冬青、山毛榉等修成树篱，将花园分割成29个小空间，形成的每个空间种植不同园艺品种的植物，呈现各自的主题。如白色花园、红色边界花园、岩石花园、鸟篱水景园、花境园等。

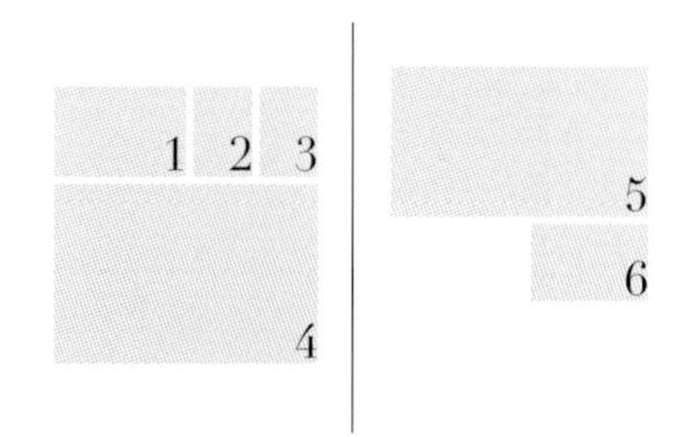

1. 水池中间的对景小天使雕塑
2. 台阶的造型设置也是相当的巧妙，收口的八字形，顺着透视角度引领你往下一个“花园”，修剪的绿篱小鸟让花园充满趣味性
3. 绿篱门掩映在植物中
4. 池水倒映着蓝天白云，扩大了小空间
5. 欲扬先抑的手法淋漓尽致地展现，穿过“客厅”，是一潭水池，眼前不由一亮
6. 像一个客厅，留白空间，穿过不同的绿篱门洞，你会发现什么呢

红色边界花园

各类红色的植物围合在草地两边，槭树科植物为主。交替生长，在各个季节中都呈现出热烈的红色。

柱状花园

富有特色的植物，在这里成为主角，红艳艳的芍药以它为背景更加的婀娜多姿。2017年的秋天我们再次造访时，背景因为色叶植物的变化，植物的层次更加鲜明，这是属于秋天的颜色，下次看到又要等上11个月啦。

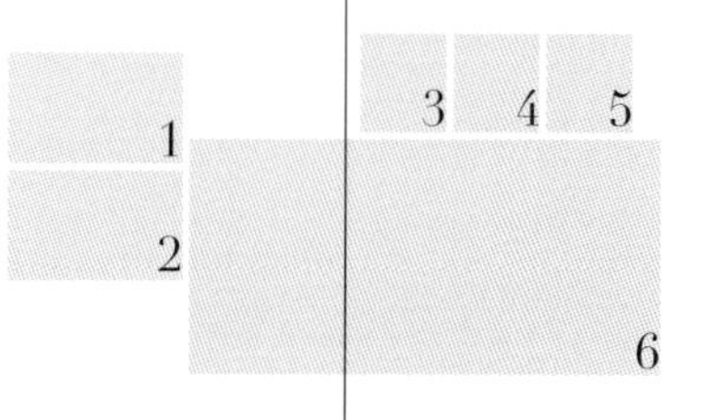

1. 沿着这高高的绿篱围合的散步道，走到尽头
2. 是花园之外，美丽的田园风光
3. 在这样的花园里，人反而成了点缀
4. 万绿丛中一点红
5. 绿篱作为背景墙
6. 欧式花园的古典美

十字景观轴花园

南北向和东西向两大草坪轴线空间，形成了空间的视觉过渡，并将花园的结构和布局变得清晰而明确，在绿草茵茵树篱环抱中，有孩童和母亲的嬉戏，有伙伴之间的追逐打闹，也有四代同堂的天伦之乐。

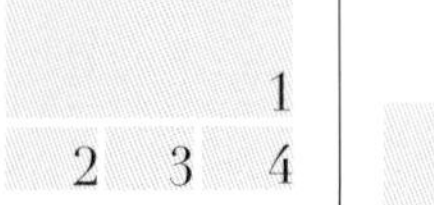

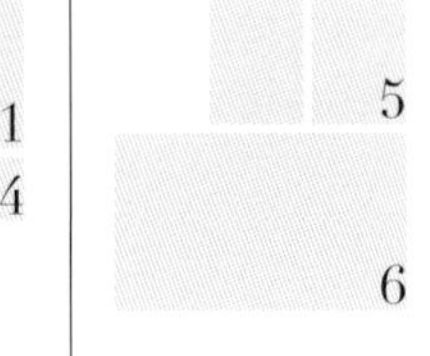

1. 只要穿过一片绿篱，就会进入一个跟之前完全不一样的世界，这就是这座花园最独特之处
2. 这样体量的草坪步道开放给游人亲近，值得国内的公园学习
3. 各式树篱是这座花园显而易见的特征之一
4. 长步道足够宽阔的草坪空间可以尽情放飞心灵
5. 英国之行印象最深的是他们的修剪整形技术，大刀之阔斧超出想象：树甚至修成了拱形
6. 在开满明亮黄绿色常绿大戟的小空间停留一会

上游花园和温斯洛普夫人花园

在这两个花园中可以眺望下游充满野趣的溪谷花园，自然从这里开始，规整从这里结束。充分修剪的绿篱围墙都超过人的高度，绝对是人工与园艺的经典之作。

溪谷花园

溪谷花园是整个花园中将自然之美和人工种植结合体现得最淋漓尽致的地方，虽说叫溪谷，更多的时候只有浅浅的一层水，反而是丰富的湿生植物和花卉点缀其间，打造成一条蜿蜒的水景花谷。

岩石花园

和英国大量岩石花园不同，这里的岩石花园更具野趣，鲜艳而充满生命力的花卉吸引着每一个爱花的“花痴”在这驻足拍照，他们也成为我相机中的一景。

1. 曲径通幽处，花木环抱
2. 溪谷花园的植被更加丰富
3. 爱花园的摄影师
4. 墨绿色的背景很好地成为花境植物的底色

野趣花园

看似野生，实则是劳伦斯精心布置的，这是为了让每一位经过此地的游客感受到一种心灵上的放松。

1. 郊野花园的自然小径
2. 全民园艺的国度
3. 沉浸在园艺世界中的小女孩
4. 紫藤下，岁月已逝容颜不老

厨房花园和育种温室

几乎所有的英国花园都会有个非常实用的厨房花园。厨房花园包含了蔬菜、水果和植物，这些植物都跟厨房有关。因为女主人的儿子劳伦斯对植物品种的热爱，这里还有一个大型的育种温室，这个育种温室深受爱家爱花园的人们的喜欢。

1. 从春天坐到秋天，从夏天坐到冬天。融进这片天与地之间
2. 低矮的云层，参天的大树，广袤的平原，悠闲散步的羊群——英国乡村的田园风光

花园外围的乡村美景

现在很流行一句话就是诗与远方，当我看到眼前的场景时，不禁想到这不正是英国的田园牧歌、诗与远方吗？它有着英式园林的普遍特点，以自然风景园的形象出现，有百年时光沉淀的大树，有平整葱绿的草地，又巧妙地利用当地的地形。

1 2 3 4 5 6

1. 联排的修剪整形，形成视觉的透视关系
2. 秋天再次来到，翠绿成了金黄
3. 一个个门洞相连，永远保持探索的新鲜感
4. 修剪成房屋造型的绿篱，佩服英国园艺师的想象力
5. 打开这扇门，它会带你穿越到哪里
6. 花园的各个区域常常通过“门洞”相连，有一定的框景效果

应用特别的规整绿篱

应该说希德蔻特庄园花园不是典型的规整花园，更是一种规整与自然融合，东方与西方美学互融的花园。这座花园既有人工雕饰的规整园林，也有人工自然的花园，更有规整绿篱形成十字景观轴廊道串联起从建筑到乡村原野的所有大大小小29个花园空间，从而让这座花园呈现出完全不同主题的美感。

小中见大的东方园林美学

花园中大量运用了高篱分隔障景，又在局部开口或围合形成框景，与东方园林美学中的小中见大、曲径通幽如出一辙，或许是劳伦斯常来中国参悟中国园林的可能吧。更巧妙的是他运用花园绿篱廊道通达外围与科兹沃尔德（Cotswolds）的乡村自然美景浑然一体。花园之间通过这种树篱式的“门洞”相连充分利用大自然的植物元素找到新的园艺装饰美感方式，劳伦斯在这里将框景、障景使用的淋漓尽致，似“山重水复疑无路，柳暗花明又一村”的诗意感受。

精彩纷呈的园艺植物

劳伦斯花了大约30年时间从世界各地引种植物。为了引种远行到南非和中国寻找新的珍稀植物，带回英国培育，花园引种对于英国园艺植物学研究贡献巨大，有41种植物都是由劳伦斯首先引入英国的。鉴于劳伦斯对于英国园艺引种与花园设计的贡献，英国皇家园艺学会（RHS）三度颁发给他功勋奖章。

1. 陪伴孩子成长的树
2. 岩石园的地被植物五彩缤纷

劳伦斯·约翰斯顿创建了希德蔻特的花园，并热衷于植物。他花了无限精力和财力找到不寻常的品种，让花园充满各种颜色、气味、形状和质感。他旅行了很多，去阿尔卑斯山、南非和中国等。还与澳大利亚、日本等遥远的国家交换了园丁。仔细挑选了最好的品种带回希德蔻特庄园花园。多年来，许多植物都以Johnston或Hidcote命名，以表彰他的天赋和工艺。丰富的品种为营造不同的花园主题提供了可靠的支持，一年四季的植物是花园的活力所在。

4月：松树、洋地黄、玉兰花、杜鹃花等

5月：郁金香，中国的珙桐树、紫藤、巨葱、紫丁香、山毛榉、红豆杉等

6月：古老玫瑰、芍药、牡丹、羽扇豆等植物和草本花境

7月：草本花境植物边界，百合花、地中海绣球、非洲百子莲、美人蕉

8月：倒挂金钟、红大丽花

9月：日本银莲花和秋番红花

10月：枫树、大叶榆等

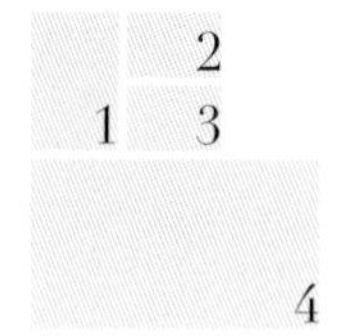

1. 人工尊重自然，诗意的远方
2. 大隐隐于英国乡村中的世界级花园
3. 科茨沃尔德地区常见的午后
4. 北斗星景观团队合影留念

希德蔻特庄园花园是一个传奇的地方， 女主人温斯洛普和她儿子劳伦斯对花园的倾情热爱和匠心营造，使它成为科茨沃尔德地区的荣耀花园，为专业园艺师和爱好者带来了这个花园设计的精妙和营造的匠心以及东西方园林美学的融合；同时体现了规整与自然的融合。屋室与乡村田野的融合。在现代景观设计里的地位也可以说是非凡的，所以在此我希望把它带给所有热爱生活、英国花园的人，相信我也会再次光临此地学习与参观。

Highgrove Royal Gandens

海格罗夫皇家花园

海格罗夫皇家花园（查尔斯国王花园）通过 35 年的耕耘

成为英国最具创新力和鼓舞人心的花园

设计师：查尔斯国王和他的 12 个园艺团队

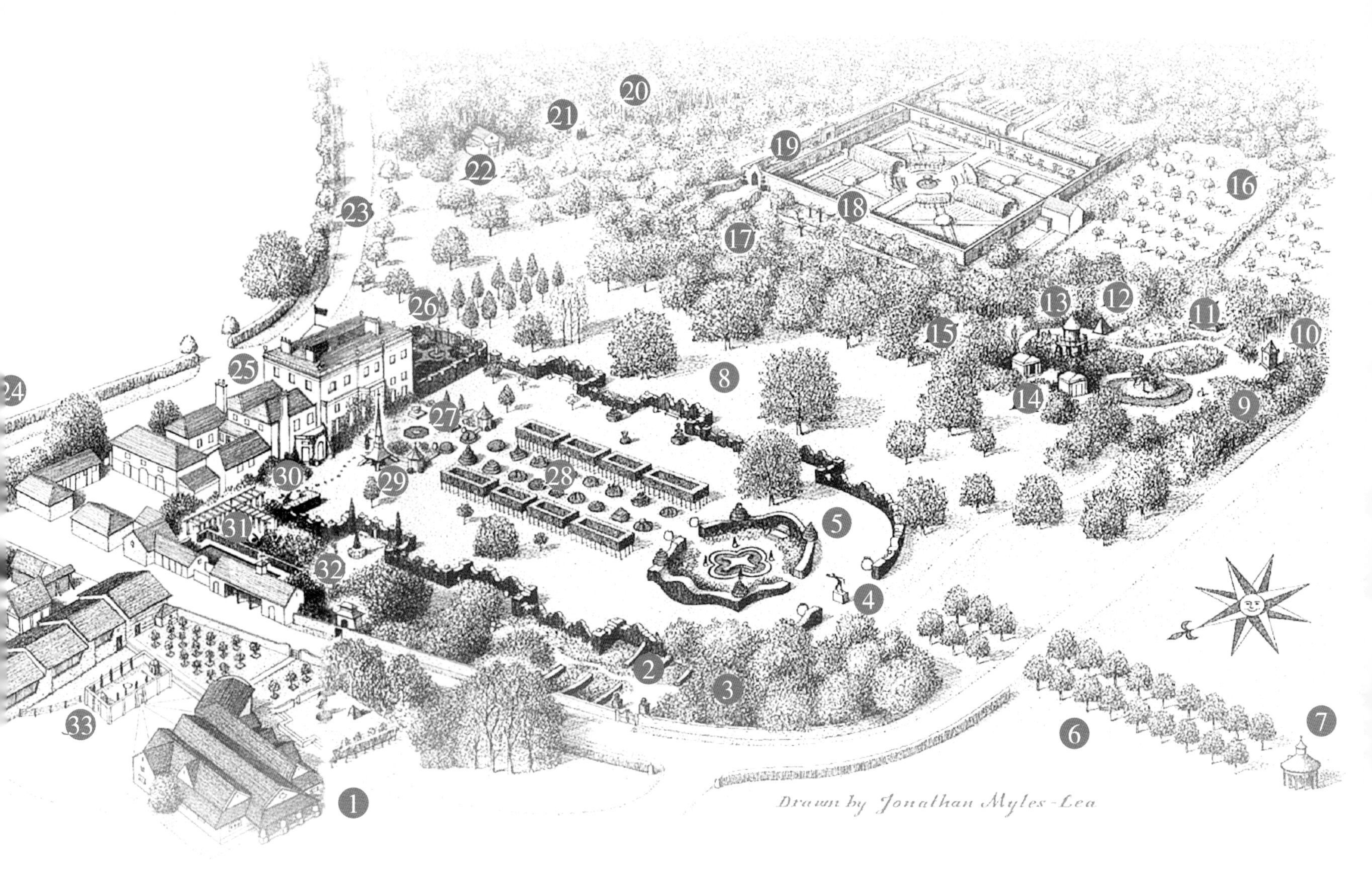

1 果园室
2 围墙花园
3 劳雷特隧道
4 博格斯雕塑
5 百合池花园
6 莱姆大道
7 鸽舍
8 野花草甸
9 树桩场边界
10 圣殿
11 礼品墙
12 日本苔藓园
13 树屋
14 庙宇
15 树桩末段
16 下果园
17 温特伯恩花园
18 基兴花园
19 阿扎莱斯大道
20 植物园
21 奥德萨的女儿们
22 鸟兽保护区
23 入口大道
24 花园外围
25 建筑前广场
26 日晷花园
27 露台花园
28 百里香步道
29 橡树亭
30 菜圃
31 玫瑰花架
32 别墅花园
33 球场

海格罗夫皇家花园也总是被人们习惯的称为查尔斯国王花园，这里的乡村花园都是总设计师查尔斯国王和他的12个园艺团队的杰作。

在这里住着一个不爱王位爱乡村庄园的男人——查尔斯国王，对于这位曾经的威尔士亲王王储来说，海格罗夫皇家花园才是他真正的王国，他喜欢自由的生活：如丰富的厨房花园与果园养鸡场；喜欢不同的园艺品种，如可以观赏紫色葡萄随意生长在墙上的庄园居室。他有情怀：为了一棵百年橡树重生专门建了个纪念亭子；为了情感追求与寄托，设置了许多自己喜好自由家庭生活而建立的花园，如浪漫的紫色花园、王子成长花园、神庙花园、伊斯兰花园、重生花园。

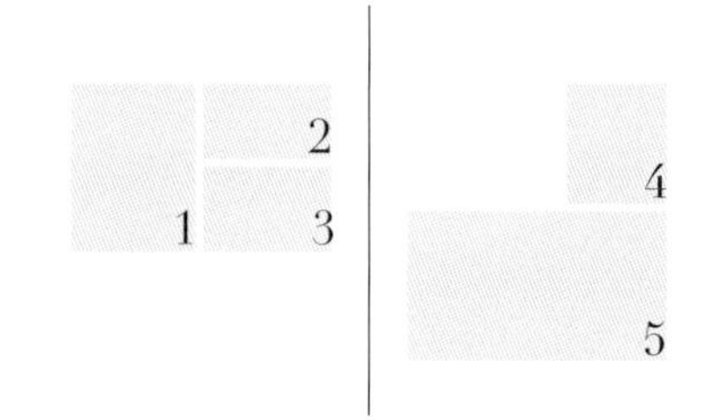

1. 花园中的标志——橡树亭
2. 花园售票中心
3. 雕塑增加花园的艺术之美
4. 在草地奔跑的羊
5. 进入大门后要经过一段长长的通道

水果和蔬菜

在英国人眼里花园亦是果园，这里的围墙花园有着满藤架的苹果环廊，而且海格罗夫皇家花园能在水果和蔬菜实现自给自足，完全依靠从紫草科植物和海草提炼出的混合肥料和天然肥。庄园除了提供暖气和热水的太阳能电池板，还有用木材加热的锅炉，双层隔热的窗户和生态绝缘装置。整个庄园的排污系统都由芦苇制成，通过收集雨水冲洗厕所和灌溉土地，让液体污水被重新净化为清洁的饮用水。这里还有查尔斯国王喜欢的土豆、草莓、韭菜、白菜、胡萝卜等。海格罗夫皇家花园在规划之初就采用先进的有机农业，查尔斯国王坚持认为，它应该是一个完全有机花园和农场。

在喧嚣繁忙的现代生活里，人们渐渐迷失在失去人情味的钢铁森林之中，而查尔斯国王，以他的执着他的疯狂，独自在这里生活，这些花花草草见证了国王的点点滴滴。

1. 花园被精心维护，充沛的湿度让石凳上长满了青苔
2. 我和花园管理者的合影
3. 入口需要经过严格的安保审查

海格罗夫皇家花园（查尔斯国王花园）是查尔斯国王带领他的12个花园运营团精心打造的花园，代表了查尔斯国王对生活的态度和他对孩子成长的寄托。花园就是威廉王子和哈里王子童年生活玩耍的地方，有精灵般的小树屋，还有旁边的蚊塔水园。厨房花园也是非常有特色的地方，苹果树组合成了廊架，中间的小水池有着表明时间刻度的日晷，各类蔬菜也能成为花园的主角。花园还是查尔斯国王对生态耕作、有机理念的一种探索，养鸡场的肥料如何应用到花园，果园如何变成人们下午茶的甜点等。

漫步其中感受国王的生活，唯美而乐观，高雅与休闲，人生本不完美，但人生要有追求及向往才有幸福的降临，功名利禄又何干？在中国同样是三千年读史不外功名利禄，但九万里悟道终归诗酒田园，不是吗？

查尔斯国王依旧西装革履，翩翩君子，情寄这一方天地。也许在这里他最能感受到“宠辱不惊，闲看庭前花开花落。去留无意，漫随天外云卷云舒”。

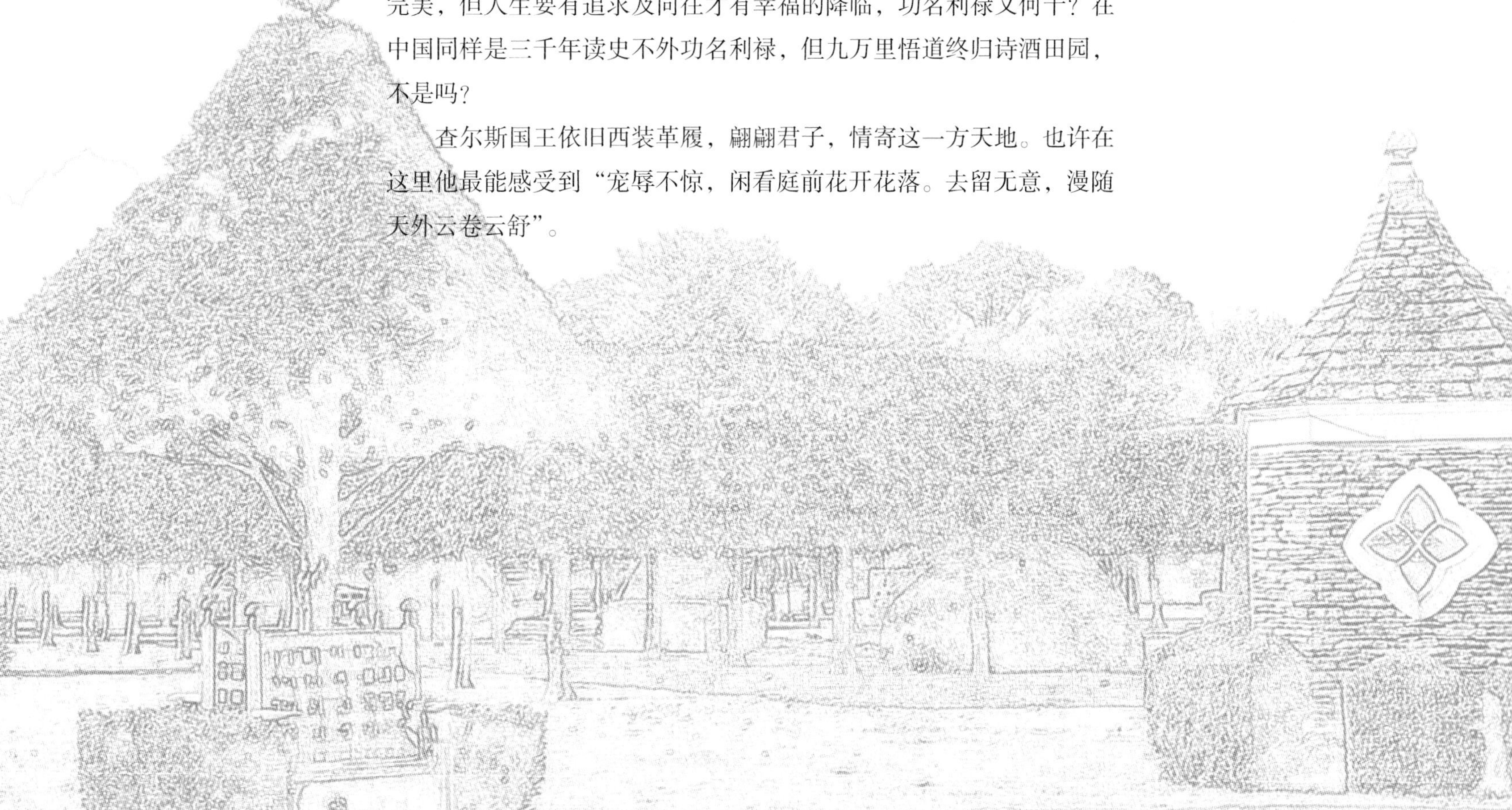

Kilver Court Gardens

凯尔沃庄园花园

“我在 20 年前第一次进入

凯尔沃庄园花园的时候感觉时间在这里静止

隐藏在纺织作坊的大石块后面

是一个十足迷人的秘密花园

漫步其中就像走入了另一个时空

享受尘俗之外的宁静绿洲

我对查灵顿高架桥的规模保持敬畏

却又感怀它脚下的花园与其庞大的建筑尺度

如此和谐的混为一体”

—— 设计师罗杰 · 索尔（Roger Saul）

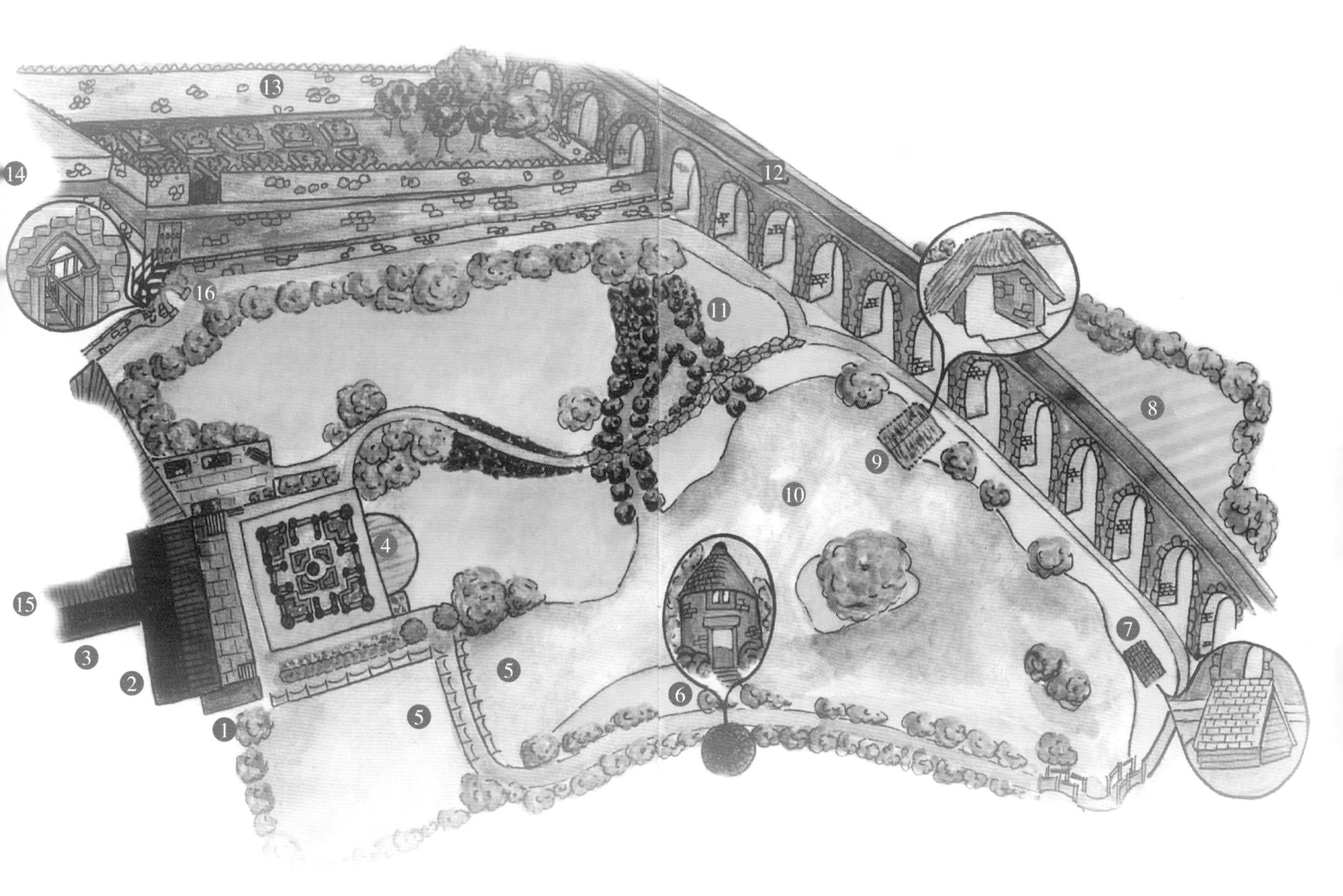

1 入口
2 苗圃
3 夏普汉姆餐厅
4 花坛
5 磨坊水池和桥
6 多佛科特
7 火烈鸟之家
8 拱门下的草坪
9 船屋
10 湖
12 假山
13 高架桥
14 菜园
15 通往顶层停车场
16 通往设计师村
17 花园里的福利

隐藏在萨默塞特市中心的凯尔沃庄园花园，是英国奢侈品牌玛珀利（Mulberry）创始人罗杰·索尔（Roger Saul）的心血之作，占地3.5英亩（约1.5公顷）的花园藏在19世纪的高架桥之下，高架桥为本就迷人的花园增添了令人印象深刻的建筑背景。

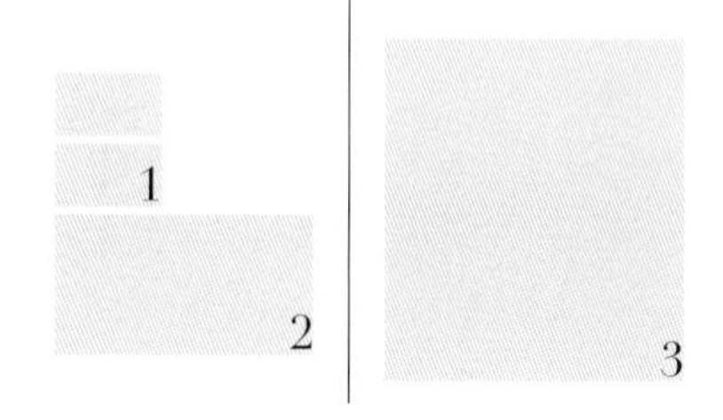

1. 花园中心内销售各种花卉
2. 建筑正前方有一个规则式玫瑰园
3. 复制切尔西园艺展获奖的岩石花园和溪流

这座花园与高架桥的结合非常完美，仿佛两者缺一不可地存在着。

首先是建筑后的规整花园，和大部分英国花园中的规整花园相比，它似乎不值得一提，但是小巧精致，特别有居家氛围。然后是岩石花园，潺潺溪水顺流而下，据说这个花园还复制了20世纪60年代早期景观设计师乔治·怀特勒格（George Whitelegg）切尔西园艺展获奖的岩石花园。在这里植物精致的组景也初见端倪，非常的错落有致，高架桥也开始若隐若现。

1. 河水呈现自然的状态
2. 墙角的植物组合
3. 河边丰富的植物群落
4. 几种植物的搭配简单又充满变化
5. 精致的下沉花园
6. 高架桥成为凝固的背景
7. 值得回味的小型景观

1. 高架桥、高大植物的林冠线、各种松柏类植物和草本类花卉及观赏草组成的混合花境都利用河面形成倒影
2. 河面上的鸭子自由自在

最后到达这个花园最精彩的湖边，这个100米 × 5米的植物边界，从20世纪60年代就开始种植，一直到今天都在进行不断调整，这里选择用植物色彩理论去除边界感。因此我们可以看到连绵起伏的林冠线组成背景，近景是各种松柏类植物和草本类花卉及观赏草，叶色从浅到深，从金色到浅绿色和深绿色，再到青铜色和葡萄酒紫色无缝地衔接，充满了韵律变化，从某种意义上这个湖岸线并不逊色于谢菲尔德公园的湖岸线，数百种有趣的植物品种构成了现在开放的湖岸线，各种精巧的布局让画面充满艺术气息和蓬勃的生命力。

KILVER COURT

到达这里之前，我其实对这里并没有那么期待，毕竟在英国大大小小、争奇斗艳的花园中，这个花园并没有那么起眼。但是当来到这里，并在花园中游走后，我彻底爱上了这里，爱上了这座藏在高架桥下精致迷人的花园。

这是一个精彩且让人兴奋的花园，它3.5英亩（约1.4公顷）体量，相对于英国动辄上百英亩的花园而言，是非常精巧且让我们这些中国设计师熟悉的体量，直白地说这样的体量是非常有参考价值的，走在这样的花园里，我会很自然的在脑海中浮现，如果是我，我会怎么做?

当看到水面、高架桥和植物的组合的时候，我想有一种情绪应该叫感动吧，设计师没有规避这些不利因素，也没有过度的装饰，而是用植物去柔化，让整个场景充满了一年四季的变化，我很喜欢这个花园，希望你们也是。

Mottisfont Garden
莫提斯丰特花园

对于这座花园

用英国著名园艺学家托马斯自己的话说

“没有比这里更适合种植玫瑰的地方了”

是的

你不太可能找得到比这里更好的古典玫瑰园了

始建于 12 世纪

1536 年，威廉 · 桑迪斯勋爵改造为都铎式庄园

玫瑰园设计师：英国园艺师格拉汉 · 托马斯（Graham Thomas）

8
湿地
7
草地漫步
5
应季的营帐
4
玫瑰围墙花园
6
马车房咖啡厅
(Coach House Café)
马厩冰淇淋
(Stables Ice Cream)
和二手书屋
WC
WC
WC
WC
3
欢迎来到中庭
商店与植物销售点
2
停车场
1
正门
1 入口
2 停车场
3 商店与植物销售点
4 玫瑰花园
5 应季的营帐
6 马房咖啡厅和二手书屋
7 草地漫步
8 湿地

1 2 3 4 5 6

1. 宏伟的建筑
2. 在蓝天白云下建筑格外巍峨
3. 轻巧的桥
4. 模纹花坛
5. 紫杉篱作为花园与花园的边界
6. 雕塑成为视觉焦点

莫提斯丰特花园由国民自然信托基金会进行管理。该遗址中心是一座中世纪修道院，其中包括历史悠久的博物馆，定期更换的艺术展览，其花园包括一个有围墙的玫瑰园，这里有19世纪的玫瑰品种和国家一级保护的古老树木、欢快的小溪和连绵的草坪。

1934年，莫德和吉尔伯特·罗素的到来使莫提斯丰特花园成为时尚艺术和政治圈子的中心。莫德是一位富有的艺术赞助人，她创造了一个很优美的乡间别墅，在那里她招待各种艺术家和作家朋友。由于沉迷历史，她委托一些艺术家和设计师朋友重新设计莫提斯丰特。第二次世界大战期间，莫提斯丰特被指定改造成一家拥有 80 张病床的医院。同时花园还兼顾周边1600英亩（约647公顷）的林地和租赁农田，成了许多人的避难所。

这座修道院花园中最著名的当属一座世界级的古典玫瑰园——由20世纪英国园艺最重要的人物之一：格拉汉·托马斯，在70年代设计创建，以收藏了许多极为罕见的古老品种而闻名。

从春天开始，这座花园就开始了它的玫瑰之旅，五彩斑斓的玫瑰在花园里怒放着，一直到10月。即便在玫瑰的花期高峰季节过去后，花园仍然展示各种各样的开花植物。

1. 莫提斯丰特花园经典的玫瑰花园中的混合花境
2. 这里有许多玫瑰品种，是古老玫瑰品种博物馆

1

2

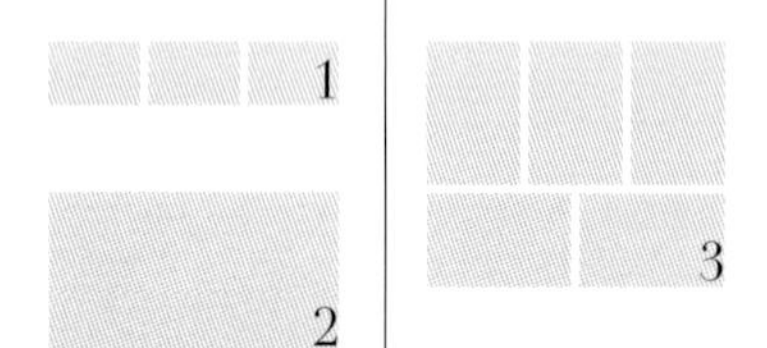

1. 夏季是薰衣草的季节，紫色的薰衣草形成整齐的色彩边界
2. 规整的秩序感和薰衣草的浪漫形成了非常迷人的画面
3. 高大的原生树木和清澈的河水给夏季的炎热带来一丝凉意

小溪边树影婆娑，一路走过，这里到处都是各种小动物和悠闲自在的人们。同时这个花园也是探索、散步和欣赏汉普郡一些最壮丽乡村景点的绝佳去处。

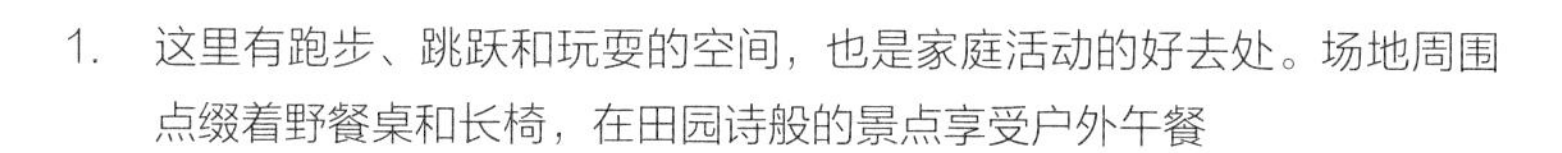

1. 这里有跑步、跳跃和玩耍的空间，也是家庭活动的好去处。场地周围点缀着野餐桌和长椅，在田园诗般的景点享受户外午餐

Mottisfont

莫提斯丰特花园坐落在特斯特河畔的起伏平原上，13 世纪修建的奥古斯丁教团的小型修道院在 18 世纪大部分重修，20 世纪又再次重修。

花园里生长着茂密的树木，有山毛榉、鹅耳枥、橡树和欧洲板栗等美丽的孤植树，离河不远的地方有最高的英国梧桐树群。负有盛名的月季园是1972年后在原来的菜园基础上修建的，由格拉汉・托马斯设计，这里的玫瑰是1900年以前培育的，并成为国家品种收集中心，堪称古老玫瑰品种博物馆。路边种植黄杨矮篱，下面有精美的地被植物。

可惜我们所去的季节已经错过了月季花开的时节，但是走在花园中，仿佛仍然可以闻到夏季时分月季散发着的宜人香气。

Muckross House and Gardens

莫克洛斯庄园花园

在这里你能感受到有别于其他花园的大开大合

这大概和爱尔兰本身的自然风貌有关

我们爱这份与众不同

FH

莫克洛斯庄园位于爱尔兰基拉尼国家公园，始建于1839年，于1843年建成，是一座保存完好的都铎式宫殿，也是爱尔兰十大庄园之一。

1. 这栋建于 19 世纪的建筑的正立面墙体都被爬山虎覆盖
2. 建筑周围植物群落丰富
3. 庄园面朝湖泊和爱尔兰壮阔的群山
4. 植物层次干净，各种深浅不一的绿组成了画面

1. 花园边界由植物围合而成
2. 丰富的围墙边界
3. 蓝紫色的藿香蓟
4. 靠近建筑由模纹花境构建而成

1923年，著名剧作家萧伯纳和他的爱妻夏洛特·佩恩·汤森住进莫克洛斯庄园。他很快就爱上了这里，著名戏剧《皮格马利翁》就是在这里写的。说到由其改编的电影你肯定就明白了，那就是由雷克斯·哈里森和奥黛丽·赫本主演的经典影片《窈窕淑女》，至今莫克洛斯庄园酒店的一间套房还是以萧伯纳的名字命名。

整座庄园沐浴在爱尔兰翡翠色的密林深处，被苍翠欲滴的古木与杜鹃花海所包围，草坪直接深入湖水中，碧波荡漾的湖水后是爱尔兰壮阔的群山，美不胜收。

1. 后花园结合地形和原有地貌条件形成了岩石花园
2. 整个花园呈现一种浓郁的绿色

1 2

对于我们这些慕名城堡花园而来的人来说，莫克洛斯庄园的岩石花园最能引起兴趣，层层叠叠的植物与岩石交相辉映，穿梭其中，很容易使前面的人不见踪影，原来已经走到岩石的另一端，非常具有趣味性。

经历了数百年时光的高大乔木与平整的草坪，还有近水远山那难以言表的壮丽都让人心情豁然开朗。

Nymans Garden
尼曼斯花园

爱德华时代

及两次世界大战时期最浪漫时尚的花园之一

这座花园经历了可以想象的很多磨难

仍旧如珍珠般越发熠熠生辉

花园创建者：路德维希（Ludwig）
建筑设计师：雷奥纳德·莫萨尔（Leonard Messel）
园林设计师：詹姆斯·康宝（James Comber）、1953 年，塞西尔·纳爱斯（Cecil Nice）、
1980 年至今，戴维·玛斯特（David Master）

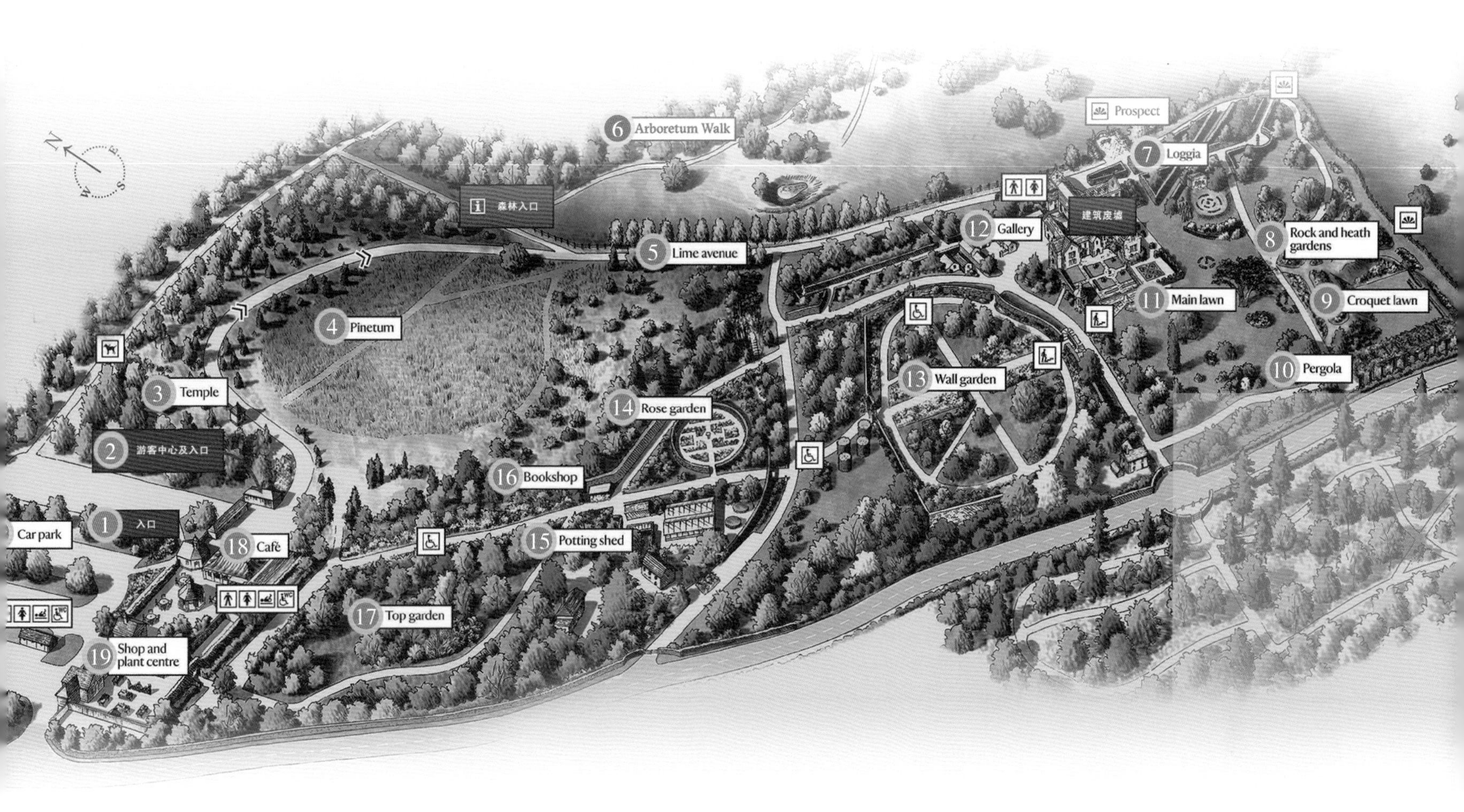

1 入口

2 游客中心及入口

3 神殿

4 松树林

5 椴树大道

6 植物园步道

7 景观亭

8 岩石与荒野花园

9 槌球草坪

10 景观亭

11 大草坪

12 画廊

13 围墙花园

14 玫瑰花园

15 育苗棚

16 书店

17 顶级花园

18 咖啡店

19 礼品店及植物中心

20 停车场

在近代史上最混沌的半个世纪，一位德国的犹太后裔建造了这个花园。这是个有关伟大创意的家族故事，路德维希为了融入英国社会，那个时代社会名流崇尚传统的乡村生活，怀旧的乡村情结是黄金时代的血统证明。路德维希作为外来者定居这里，为了在英国当地提升其社会地位，建立了最典型的英国花园，多么伟大的成就，这个成就创造了尼曼斯花园。花园经历了3个园艺师，最先在此设计和种植的是詹姆斯·康宝，一直到1953年；其后是塞西尔·纳爱斯，将花境景观保持了约30年；之后至今是戴维·玛斯特，从1980年开始就是这里的主管园艺师。

1. 没有实体围墙，利用田野和林地分开
2. 英国风景园美学的来源——如画美
3. 举家在花园散步是英国家庭生活的一部分
4. 尼曼斯花园的松树在当时被认为这个国家最好的

从一片荒地变成美丽的花园，感觉自己像个拓荒者，这也是花园的设计理念。尼曼斯花园种满时尚的新品种引领花园潮流，为了创新，不断开发培育新品种。以满足花园创建者路德维希在那个时代追求社会地位情结和园艺爱好情怀。

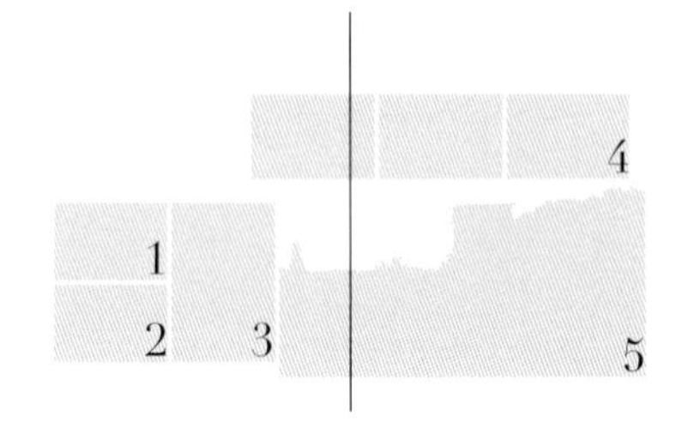

1. 精致的通往花园的入口
2. 借花园的高地，俯瞰外围的景色
3. 绿篱和相对狭窄的园路营造花园的景观效果
4. 一年四季这个花园都拥有惊人的美丽
5. 被花境包裹的高地

1947年，英国经历了有史以来最冷的冬天，尼曼斯花园没能幸免，遭受的打击几乎是毁灭性的，这样的磨难也为它增添一抹传奇色彩。第二次的暴风雨灾害也给尼曼斯花园带来的巨大灾难，大风把这里的树木几乎撕成碎片，只有两棵水杉站立着，几百年来的上百种珍稀品种被连根拔起，一夜之间从天际线消失。那一晚损失了486棵树，尽管损失巨大，可是花园的继承人从另一个角度安慰自己暴风雨让花园更宽敞了，以前杂草丛生的地方绽放出新的生机！复原不意味着你要中断发展，至少尼曼斯不是这样的，复原意味着一如既往地保持设计者原有的气质信条和理念。

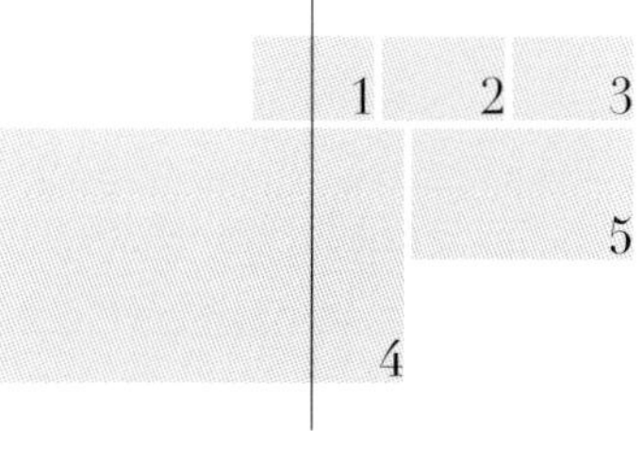

1. 哥特式废墟见证了家族遭遇的近乎毁灭性打击
2. 围绕建筑的植物非常有特色
3. 主体建筑仍在陆续维护和修缮
4. 建筑的轮廓保留得十分完整
5. 花木扶疏，持续绽放的光彩赢得赞赏

通过创造和分隔空间，使花园服务于使用者用来娱乐的空间和用来社交的空间。尼曼斯花园是一幅立体的抽象派画作。宁静的空间里，有树荫的散步道、水花的喷泉、奇异的绿篱、建筑式的池子和连续的草坪，花坛和道路组成的花园格局宛如抽象派艺术蒙德里安的画作。生机勃勃的植物提供优雅背景，摇曳多姿的玫瑰种植在美丽的花园内。

1 2 3 4 5 6 7 8

1. 小路两侧种植成排的明媚花卉、园景木兰、柏树和其他针叶树
2. 薰衣草环抱着立柱
3. 门洞既是空间的转换，又起到框景的效果
4. 小喷泉上的藤蔓装饰表现了摄政时期的艺术特点
5. 利用各种拱门形成框景
6. 紫杉与杜鹃花组成的篱笆将草坪零落划分
7. 随处可见巴洛克风格的景致
8. 建筑为摄政时期的宅邸与仿中世纪风格的城堡两种风格混搭

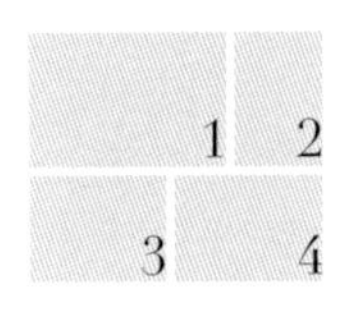

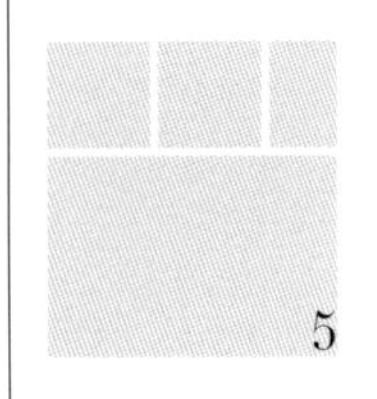

1. 各种花境组合
2. 不同画面展现的美截然不同
3. 尼曼斯花园花境整体的色彩搭配是经典持久的
4. 行走在这里处处都是风景
5. 整个花园拥有上千种花境植物，在不同季节呈现不同的状态

这座盛兴于19世纪的花园，经历了从维多利亚时期的花园转变为爱德华式花园这个有争议的变化。尼曼斯花园反映了英国19世纪造园的典型特征：构图上将规则式花园与自然风景式园林相结合，带有折衷主义色彩。从不显眼的入口一路至园内，植物品种十分丰富，植物配置依山地打开景深、依城市设立边界、以花园引导游线。整个空间景观层次分明，花木色彩艳丽，养护管理精细。

1. 典型英国花园的元素在这里都能找到
2. 岛状花境是传统花境的另一选择
3. 灌木丛和花境搭配的蜿蜒曲线
4. 第二次世界大战以后，草本花境、混合花境回归英国花园
5. 收集植物的热情是这个家族特性

1 2 3 4 5

1 2 3
4

1. 育苗棚
2. 田园漫步是不是会遇到花园精灵
3. 出售盆栽
4. 花园的甜品店也是英式生活的一部分

尼曼斯花园花境风格得以完好传承，得益于各个时代的园艺师都尊重历史，这也是该花境得以闻名甚至创新超越阿利庄园的重要原因。尼曼斯花园遭受过灾难，对于梅塞尔来说，重建及复原中就是对他的花园进行不断的调查、探索和进取，回到尼曼斯是荣耀的，花园确实不会永不改变，但内容可以丰富、生长与变化。所以花园在四季里或者欣欣向荣或者渐渐凋零，都需要被时时呵护，最重要的是保持花园建造者的原始设想，20多名园艺师的努力让我们理解美好的自然的基础、有趣和戏剧化的场景感觉。你可以在花园享受和浪漫，更可以从这里寻找花园及主人的人文、历史与自然的故事，我们从眼前的花园美景中感受到这些花园及主人带来的哲理。

每一座花园背后都离不开有抱负有想法以及伟大园艺家的情怀，作为专业园林工作者也应如此。

Trebah Garden

特雷巴花园

田园诗般的花园

跻身世界最美花园排名前列

像被带到亚热带丛林中

更可以欣赏到壮美的海岸风光

1. 槭树林（日本枫树林）
2. 菲律宾月桂树
3. 杜鹃花
4. 罗汉柏
5. 天竺葵
6. 大叶罗汉果
7. 原杜鹃花
8. 白玉兰
9. 树蕨

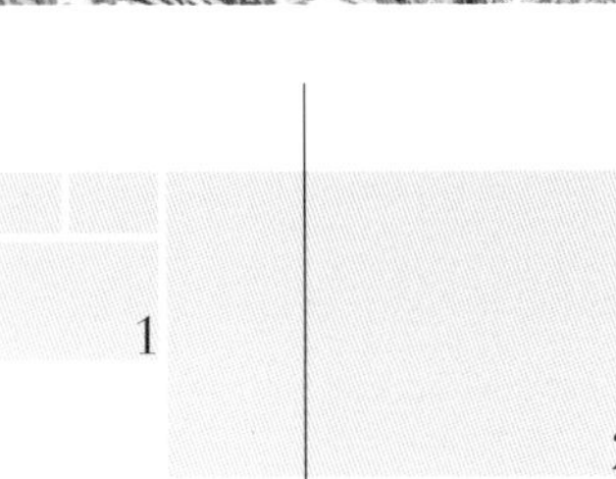

1. 被密林包裹着的峡谷里，种植着很多亚热带植物
2. 密林外是康沃尔广袤的田野，密林内是狭长的峡谷，整个花园位于峡谷内，这种地貌在整个英国花园中是绝无仅有的

富有传奇色彩的特雷巴花园，位于康沃尔的海滨小城法尔茅斯（Falmouth）。这个花园在英国是一个完全不一样的存在，毕竟主要位于温带的国度居然能够在一个花园里看到亚热带才会有的风光是一件多么难得的事情，每到夏天，这个亚热带的伊甸园满是色彩斑驳的鲜花，特别之处还在于其以康沃尔的滨海美景作为背景，使花园呈现出一幅唯美的画面。

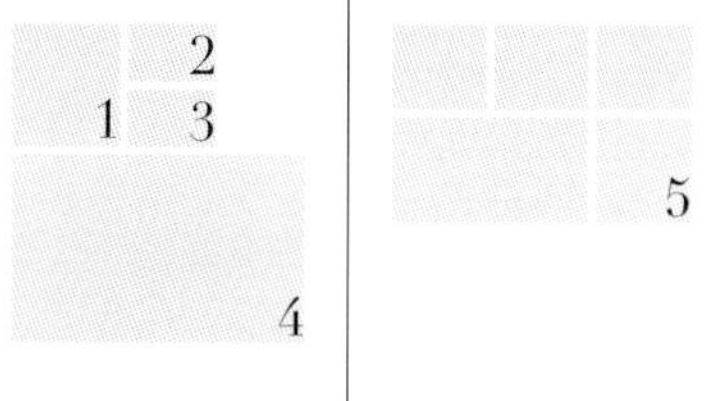

1. 圆形下沉剧场
2. 这就像是儿童幻想小说里描绘的画面，站在这里就像置身一座巴西丛林
3. 从山坡眺望，滨海掩映在丛林中若隐若现
4. 田园诗般的特雷巴花园目前已经跻身“世界最美花园”排名前 100 位
5. 丛林里微小的植物也努力绽放生命

英国是属于温带海洋性气候，与大陆气候相比一年四季没有明显的气候差异，气温年变化和日变化都很小，冬天温暖夏无酷暑，以低矮植被为主，树木多为阔叶落叶林和混交林。然而果然事无概论，在英格兰西南岸的康沃尔郡，的确被人发现了英格兰大陆难得的“亚热带”气候大规模丛林植被。这些植物原本应该生长在远离英国的其他气候区，但现在它们却在公园里各种茂密植物掩映下，静静地生长了一个多世纪。2008年英国《每日邮报》报道说，这个“秘密丛林花园”中生长有中国棕榈树以及巨型蕨类植物。另外，还有来自加那利群岛的海枣树和绣球花，这两种植物原产于东亚及南美洲国家。

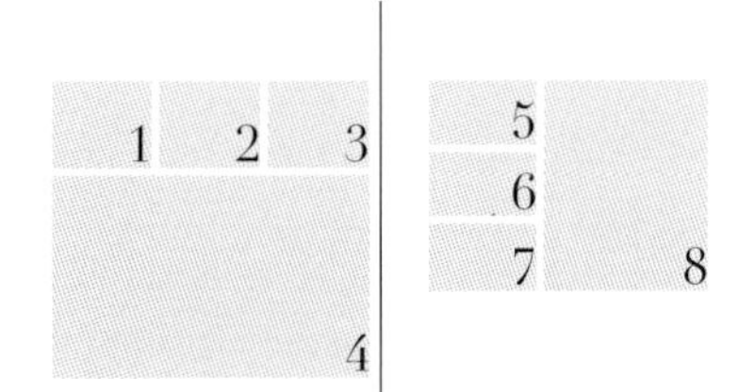

1. 裸露的树根被苔藓包裹
2. 植物浓郁的色彩
3. 由于空气潮湿，有很多菌菇类在这里自由生长
4. 尽管已经过了绣球花开的季节，花园内还是有非常多的绣球，组成壮观的场景
5. 各种亚热带植物群落在这里随处可见
6. 在山顶远眺可以看见海岸线的一角
7. 花园会定期发布活动信息
8. 雕塑造型优雅

1
2

1. 小桥流水，行走在其中就好像走在莫奈的画中一般，神秘的浪漫里又带着一丝明媚
2. 特雷巴花园，准确来说，是一座开放式的、完全融入自然的公园

Trebah Garden

英国最美丽的绣球花园，一定非特雷巴花园莫属，几十个品种万般惊艳在山谷里、湖泊边，山谷里挖掘出的“秘密丛林”更是富有巴西雨林的特色风格，沿着山谷绵延各种蕨类、杜鹃花和棕榈植物，以及水中的植物和两边森林中穿梭的休闲小品，像是人间的伊甸园。

在这个富有英国古老贵族气息的地方，你能感受到英国的生活艺术、文化艺术与精神哲学，更能“一窥”甚至“接触”到英国传统上流社会的生活格调就在高雅气质的花园里。

The Lost Gardens of Heligan

海利根失落园

一个浪漫、怀旧和冒险的世界等待着你的发现

18 世纪，康尼什 · 特雷梅恩（Cornish Tremayne ）家族兴建

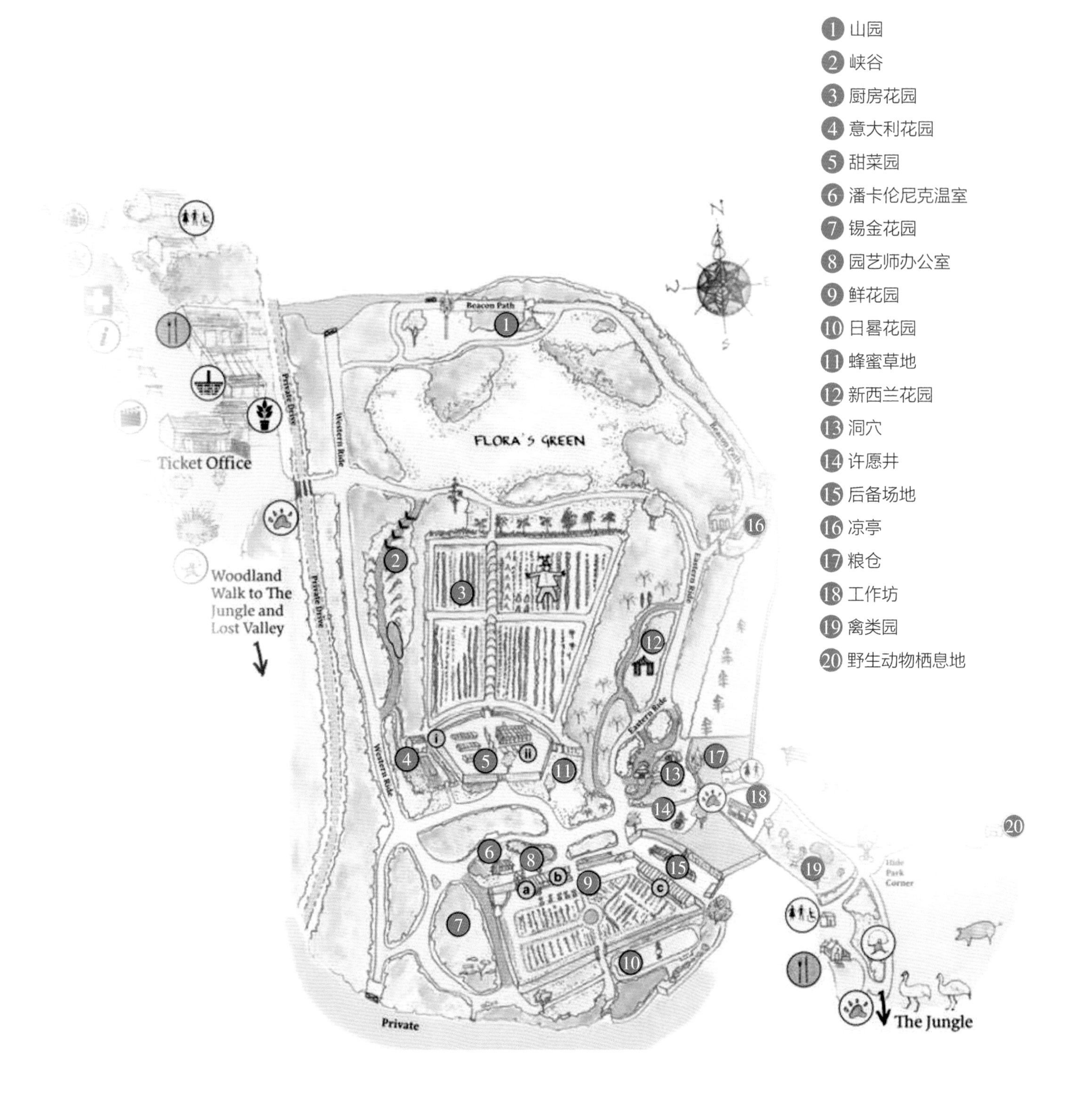

1 山园
2 峡谷
3 厨房花园
4 意大利花园
5 甜菜园
6 潘卡伦尼克温室
7 锡金花园
8 园艺师办公室
9 鲜花园
10 日晷花园
11 蜂蜜草地
12 新西兰花园
13 洞穴
14 许愿井
15 后备场地
16 凉亭
17 粮仓
18 工作坊
19 禽类园
20 野生动物栖息地
Beacon Path
FLORA'S GREEN
Ticket Office
Private Drive
Western Ride
Eastern Ride
Woodland Walk to The Jungle and Lost Valley
Private
The Jungle

1. 英国庄园一贯低调的入口
2. 鲜艳的花朵把白色的建筑衬托得更为浪漫，像是走到私人的户外客厅
3. 康沃尔地区温暖的气候让各种植物繁茂地生长
4. 带你探索一个神秘而有趣的世界

19世纪末，海利根的1000英亩（约404公顷）土地处于植物生长的顶峰。但仅仅几年之后，荆棘和常春藤已经为这个“睡美人”画上了绿色的面纱。第一次世界大战的爆发是海利根消亡的开始。25年前，海利根失落园从时间的荆棘中重新被世人发现。今天，海利根失落园依然是英国最受喜爱和最浪漫的花园之一，这里超过200英亩（约81公顷）的土地现在是探险家、野生动物、植物爱好者的天堂。

海利根失落园里的标志性林地雕塑，在美丽的自然景观静静地出现。丛林坐落在陡峭的山谷中，营造出一个至少比北方花园温度高5℃的小气候。在这座茂密的花园里盛放着丰富多彩的树木，来自世界各地的异域植物就像调色板，充满异国情调的植物和激动人心的景观，在远离温带海岸的旅程中绽放出难以想象的生命力。

1 2
3

1. “嘘 ~~ 当她睡着时请不要跨过这个栅栏，我们不想吵醒泥土里的少女”
2. “巨人的头”
3. “沉睡的少女”

1	4
2	
3	

5

1. 充满荆棘的小路带你走向未知的神秘
2. 丛林探险栈道进入古代林地的迷失世界
3. 丰富的亚热带植被
4. 英国最长的缅甸绳桥之一，更增添真实的冒险感，并提供了全新的丛林视角
5. 取水井

1 2 3

4

5

1. 紫藤花形成的门廊
2. 在小花园放松身心也是一种选择
3. 生产园艺团队反映了与维多利亚时代前辈相同的园艺实践
4. 小花园的草本花境边界
5. 整个花园的植物都充满生命的活力

这座四季花园就好像带你走进迷幻森林，幽静的小道，原始而又茂盛的植物群落，藏在群落中的各种奇思妙想的雕塑，以及因为天气变化容易蒸腾出的湿润的雾气，都让这座花园充满了魔力。

1. 维多利亚时代的生产性花园和游乐场，春天时节呈现一片开满蓝铃花的地毯
2. 既是游客中心，也是园艺商店
3. 雅致的鸟屋坐落在草坪上

海利根花园是一个四季皆宜的花园，所以无论是在夏季朦胧的嗡嗡声或冬季的宁静中参观，都会获得独特的体验。人们可以在英国最长的绳索桥上探险，也可以在隐秘的小路上呼吸独特的泥土气息，我想孩子一定非常喜欢它，因为它具有丰富的娱乐精神，是的，和所有或精致繁复或大气舒朗的英国花园相比，它是如此与众不同。

Waddesdon Manor Gardens

沃德斯登庄园花园

庄园的历史始于一个人的愿景

并成为今天“成千上万游客所喜爱的地方”

建筑设计师：Gabriel-Hippolyte Destailleur

花园设计：法国景观设计师 Elie Lainé

1 酒店
2 庄园庭园
3 私人奶牛场
4 林地游乐场
5 马厩
6 凉亭
7 发电厂
8 喷泉
9 林荫道
10 花坛
11 鸟舍
12 热带土丘
13 水仙花谷
14 玫瑰花园
15 鸟林

1. 雕塑在主花坛的正中
2. 蜜蜡色的砂岩建筑与周边植物
3. 建筑具有文艺复兴时期的特质，由著名建筑设计师设计
4. 建筑掩映在绿色大背景中

沃德斯登庄园花园的由来是这样的：罗斯柴尔德男爵费迪南德（Ferdinand de Rothschild）想要一座卢瓦尔河谷文艺复兴时期的城堡风格的房子。费迪南德选择当时著名的建筑师加布里埃尔·希波利特·德斯戴勒（Gabriel-Hippolyte Destailleur）进行设计，德斯戴勒对于这种风格的建筑有着非常丰富的经验。同时为了建造花园，聘请了法国景观设计师 Elie Lainé进行设计，在房子周边的规划设计当中，规划了精美的花坛、台地的花园，以及修剪整齐的树篱。在周边的山上进行了广泛的平整，规划了森林探险公园，马厩区以及一个小小的鸟类园。有据可查的是19世纪的欧洲流行这样一种说法："欧洲有六大强国：英国、法国、俄罗斯、奥匈帝国、普鲁士和罗斯柴尔德家族"。把罗斯柴尔德家族与国家并列，真可谓富可敌国。所以这座庄园还是罗斯柴尔德家族财富的象征。

1. 花坛是沃德斯登庄园花园的标志性部分，有近 19000 株植物构成了花坛的图案。每年都会根据收藏品，展览或艺术品选择花坛图案的设计
2. 男爵费迪南德希望房子的外观采用卢瓦尔河谷法国文艺复兴时期的风格，并聘请了法国建筑师德斯戴勒
3. 修剪整齐的绿篱

1 2 3
4

1. 费迪南德男爵也创造了一个铸铁的鸟舍
2. 绿植
3. 花园中制作了许多小型鸟类的绿雕
4. 维多利亚式花卉园，还有一些奇异的前景元素

虽然园中的树木的年龄不是很大，但是有许多落叶树和针叶树已经成熟，在沃德斯登景观中创造了理想的效果。其中一些树木是在19世纪70年代种植的，对此负责的是威廉·巴伦（William Barron），他的工作是从周围的乡村移植树木，使沃德斯登的土地成熟，在Elie Lainé的指导下创造远景和焦点。选择落叶乔木的形状、开花和秋季颜色阵列。针叶树被选为常绿性、锥形和浆果。今天可以看到许多物种，如栗子、酸橙和枫树以及红豆杉，雪松和红杉。从男爵费迪南德到今天，尊贵的游客被邀请种植纪念树，维多利亚女王、爱德华七世国王、乔治五世国王和泰克王后玛丽都是王室的早期访客，查尔斯国王、时任威尔士亲王和总理约翰·梅杰爵士和托尼·布莱尔也种植了树木。

1
2

1. 花园修复了花坛并重建了其他 19 世纪的特征
2. 18 世纪雕像加入了当代雕塑，包括拉菲和乔安娜·瓦斯康塞洛斯的两个巨型烛台，拉菲罗斯柴尔德酒庄酒瓶装饰

1 2
3 4 5

1. 坐下来，沉浸在你周围的大自然中
2. 费迪南德男爵希望房子的外观采用卢瓦尔河谷法国文艺复兴时期的风格
3. 穿越林地，欣赏山谷
4. 游乐场蜿蜒穿过树林，充分利用自然环境。小朋友们可以安全地在山脚下，在跷跷板、秋千和柔软的树皮上玩耍
5. 进入庄园的道路

沃德斯登庄园是一个漫步于历史、建筑、艺术、园艺和生活的庄园，于1874年到1889年由设计师德塔耶尔仿新文艺复兴时期法国卢瓦河沿岸城堡而建，共历经 4 代，庄园收藏了法国 18 世纪挂毯、家具、陶瓷等多种文艺复兴时期艺术作品。花园里玫瑰园、鸟园、模纹水园、森林奇遇园等见证了罗斯柴尔德家族的辉煌。在庄园有维多利亚风格的花园、有华丽的喷泉与雕像、有洛可可风格中的稀有和异国情调的鸟类，人们可以在此与家人度过充满乐趣的一天，或是在片刻的安静中享受花园，或是成为森林游乐场的冒险家，蜿蜒穿过树林，利用自然环境创造一个神奇的地方玩耍或者林地散步中寻找虫子并发现野生动物！

皇家园艺学会花园

英国皇家园艺学会

在介绍下一个篇章之前，有必要和大家简单介绍一下英国皇家园艺学会（Royal Horticultural Society，RHS），是一个慈善机构，也是世界上唯一的、权威的兰花新品种登录机构，该机构只登录首次育成的兰花属间和种间杂交种。

本书记录了RHS直属四大花园（已发展至五个），分别是玫瑰花园（RHS Garden Rosemoor）、威斯利花园（RHS Garden Wisley）、哈洛卡尔花园（RHS Garden Harlow Carr）、海德霍尔花园（RHS Garden Hyde Hall），以及两大花展，分别是切尔西花展（Chelsea Flower Show）和汉普顿宫花展（Hampton Court Palace Flower Show）。

正是拥有这样一些世界一流的园艺机构，英国园艺才能始终长盛不衰，且让花园成为一个国家人民生活中不可或缺的一部分。

RHS Garden Rosemoor
玫瑰花园

花园坐落在德文郡的山谷里

融合了传统和现代的种植方式

带来神奇的体验效果

旧花园中心石头花园：安妮女士的母亲创建
拥有者及管理者：安妮女士

1 皇后玫瑰园
2 现代花园
3 冬日花园
4 寒带花园
5 热带花园
6 玫瑰园的灌木
7 草本植物、野菜和农舍花园
8 植物园艺师的花园
9 花园边界
10 溪、园、岩沟
11 水果和蔬菜园
12 樱桃园
13 槌球草坪
14 林地花园
15 岩石花园
16 地中海植物园圃
17 异域花园
18 森林花园
19 分配区
20 德文苹果园
21 树桩

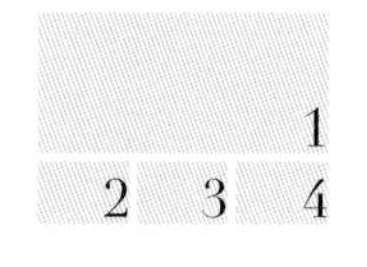

1. 花园和花园之间，沿袭模纹花园的传统，用高矮不同的绿篱做空间上的分割
2. 溢水的花钵作为前景，背景是对称而丰富的植物
3. 植物空间有开有合，色彩变化极为丰富
4. 蕨类、水仙、玉簪、山茶……看似漫不经心又恰到好处
5. 池塘边的人物情景雕塑

玫瑰花园位于英国西部的德文郡，花园占地约为3.2万多平方米以及周边12万平方米的自然林地。大大小小分为16个小花园，每个都有自己的特色。

玫瑰花园最早在20世纪30年代是安妮女士和她母亲的居所，那个时候的花园是“典型的维多利亚时期的花园单调而密集，在房子周围的使用大量一年生草本植物”。之后安妮女士的母亲创建了石头花园，也就是旧花园中心的位置。在第二次世界大战时也曾是红十字会下的避难所。安妮女士受到著名的园丁科林伍德（Collingwood）的影响，开始进行花园收藏，并成为一个知识渊博的植物工作者。至今玫瑰花园植物的多样性在整个英国都是非常少见的。20世纪60年代，安妮女士加入了英国皇家园艺学会（RHS），1988年，她将花园赠予了RHS，如今玫瑰花园已经是RHS的招牌花园。

整个玫瑰花园被林地包围，因为是酸性土壤和谷底位置，所以有着很大的挑战，尽管气候普遍温和，但花园在10月至翌年5月常遭受霜冻。

1. 为了获得自然主义的感觉，允许灌木和草本多年生植物采用其自然形式，只需最少的修剪。这会产生类似于在森林环境中发现的植被层
2. 溪流与丰富的植物品种
3. 湖岸边各种叶型，深浅绿色的植物组合，让湖面极为丰富
4. 岩石花园里有着浓郁的日式花园气息
5. 花园与花园的过渡非常简单
6. 用当地石材建造的垒石墙展示了各种高山植物多种的形态、质感以及组合种植，让参观者近距离观赏这些多肉植物

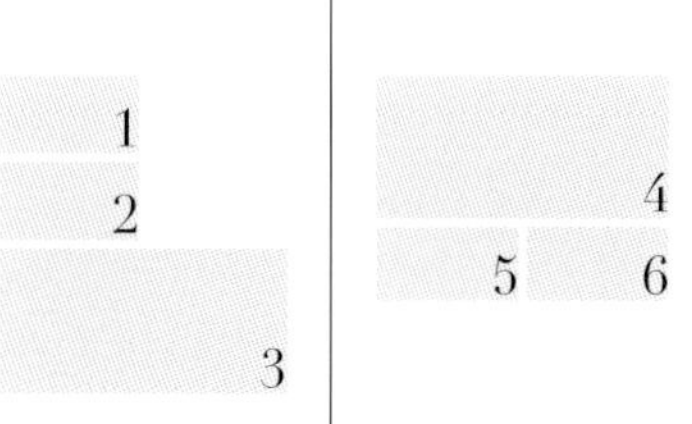

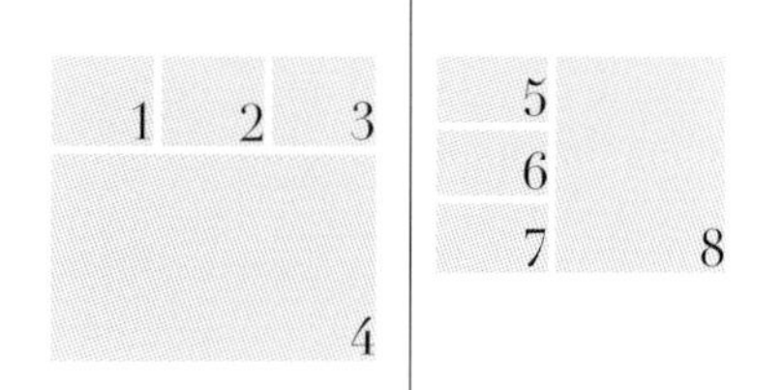

1. 紫色和深浅绿色的组合很治愈
2. 大花葱
3. 各种可爱迷你的植物品种
4. 野花草甸与奔跑的孩子成为整个花园最生机勃勃的一幕
5. 近处的大树与远处的野花草甸和蜿蜒的小路
6. 用绿篱围合起的空间小巧又带着恰到好处的私密感
7. 玫瑰花园中的植物都非常高大
8. 花园中有非常多的雕塑

在建园最初的十年，种植着大量灌木、多年生植物和鳞茎植物，初步形成了一个非常具有观赏性的花园。现在花园更侧重于更广泛、更长效的植物。

主体花园被一分为二，由两个非常不同的区域组成。一边是旧的花园——安妮女士的花园，仍然保留着各种各样的植物。另一边是新花园——一个位于壮丽林地中的正式的、装饰性的区域。

每到夏天就会迎来玫瑰花园一年中最美的时刻，它拥有最为杰出的两个玫瑰园——以现代玫瑰为特色的皇后玫瑰园和种植传统玫瑰的灌木玫瑰园。玫瑰园姹紫嫣红，蝴蝶起舞，蜜蜂忙着授粉采蜜，无数花朵在花园中绽放，在芳香的草丛中摇曳。人们漫步在小径上，欣赏美丽的德文郡乡村风光。

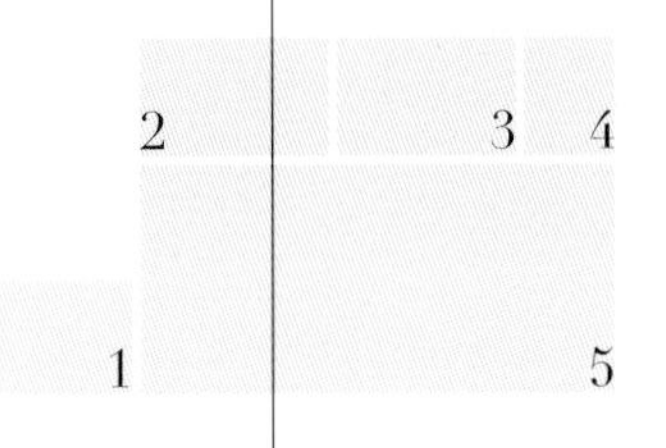

1. 花园离不开园艺师每天精心的维护
2. 精致的礼品店
3. 园艺中心的盆栽
4. 罂粟科的绿绒蒿，花中贵族
5. 野花草甸与草坪之间进行切换，形成特别的视觉感受

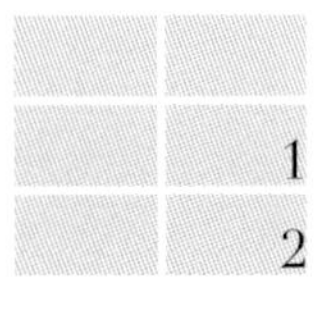

1. 花园里的各种雕塑、儿童小径和工艺活动能让来这里的孩子永远充满好奇，乐在其中，让来花园的每个家庭成员都能度过美好的一天
2. 热闹的草本植物

RHS
GARDEN
Rosemoor

玫瑰花园留给我的不仅是梦幻般的色彩、千变万化的种植、高高的树篱、美丽的玫瑰，更是成千上万的花芽将要绽放的惊艳。

玫瑰花园的灌木玫瑰园展示了古老的历史玫瑰，与现代灌木玫瑰混合杂交，食用森林花园以世界上最古老的土地利用形式之一为基础，尊崇林地生态系统的原则。花园里还种植包括果树和坚果树、灌木、草药、藤蔓和各种蔬菜。建立起一个生态微循环，成为易于维护的园艺体系，永续农业这种可持续的原则适用于几乎任何规模的花园。

同时让我们致敬安妮女士，因为她的努力和专业性，让我们看到了一个美丽花园，度过了无比美妙的一个下午。

RHS Garden Wisley
威斯利花园

世界上最伟大的花园之一

漫步其间，充满园艺的灵感

创建者：乔治·格森·威尔逊（Wilson）
1902年，托马斯·汉伯里购买（Thomas Hanbury）
1903年，赠送给英国皇家园艺学会

The Glasshouse
Alpine Houses
Seven Acres
Hilltop
Trials Garden
ENTRANCE
Wilson's Wood
Howard's Field
Coming soon
Battleston Hill
1 花园中心
2 针叶树草坪
3 紫藤路
4 混合边界
5 别墅花园
6 异域花园
7 里昂玫瑰园
8 幸福花园
9 野生动物园
10 世界花园
11 水果展示
12 葡萄园
13 果园
14 自留地
15 植物园
16 观景座
17 温室边界
18 盆景步道
19 鲍尔斯角
20 高山草甸
21 岩石花园
22 回归自然花园
23 南非草甸
24 克洛尔学习中心
25 奥克伍德
26 围墙花园
27 睡莲亭
28 春分边界
29 松树园
30 滨河道
31 石楠园
32 鸟类躲避林
33 草地花园

威斯利花园位于伦敦西郊萨里郡，花园建于1904年，占地面积约97公顷，收集展示的植物种类多达3万余种，被誉为“英式花园的百科全书”。

威斯利花园由乔治·格森·威尔逊建立，这位先生既是个园艺家又是个化学家，1878年他买下威斯利后，在这片土地上建立“橡树林实验花园”，希望成功培育出在当时被认为难以存活的稀有植物。如今在威斯利花园里仍能发现曾经的橡树林花园的痕迹。

威尔逊去世后，托马斯·汉伯里接手花园，并在1904年将花园捐赠给了英国皇家园艺学会花园，威斯利花园被授予当时其实只有60英亩（约24公顷）是用来作为花园种植的，其余都是农田以及茂密的树木。

今天的威斯利花园，不仅是一座观赏为主的花园，更是一座教育与科研的花园，承担着小型实验室、园艺学校、培育基地等功能。

威斯利花园中有各种各样的小花园和混合花境，比如岩石园、玫瑰园、围墙花园、蔬菜园、温室、野花花园、沙漠景观、七亩园（Seven Acres）等，这类主题核心区大概有十几个。每一座小花园就是一片令人流连的世界。

2 3
4

1

1. 入口的带状水景是威斯利花园的标志性景观之一，像一座 T 台连接了实验楼，水景两端的池塘里种植着水生植物
2. 现代而又感性的雕塑点缀在古典理性的花园中
3. 水边垂下的紫藤增添感性的柔美
4. 红砖建筑是威斯利花园的标志性性建筑“二级保护实验室”，几十年来这里走出了一批又一批的园艺工作者

杰利科运河和围墙花园

运河花园是入口花园，该运河花园由杰利科和朗宁·罗珀于1970年设计而成，水池里种植了60多个不同品种的睡莲。

混合花境

威斯利花园中营造了混合花境、优秀园林植物花境、温室花境和山顶花境四大类型的花境。这些花境均利用线性空间展示多种草本植物材料的组合，形成极佳的景观效果。混合花境是一个128米×6米的园艺奇观，是英国最好的混合花境之一。此外威斯利花园的混合花境一直坚持长效低维护的理念，各个季节开花的多年生草本植物，让这里四季都拥有观赏性。

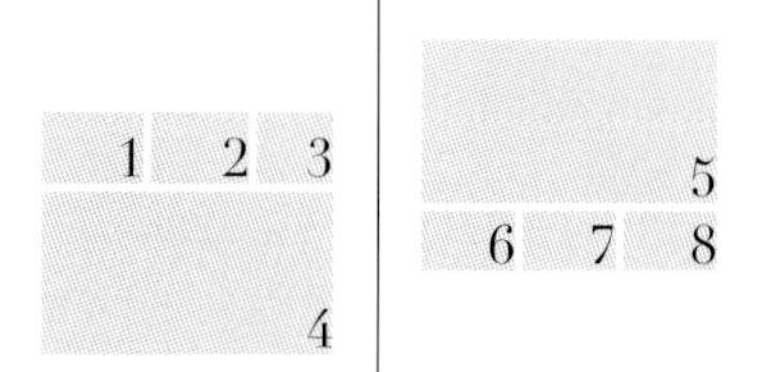

5
6 7 8

1. 每年 5 月杜鹃花竞相绽放
2. 128 米长的混合花境依山而建
3. 游客轻松惬意地走在草地上观赏花境
4. 混合花境两边是杜鹃园，品种极为丰富
5. 沿河是岩石花园连着高山草甸，一张一弛
6. 从高处向下回望是别样的风景
7. 以高山草甸为背景的木桥上满是盛开的紫藤
8. 春季的高山草甸上开满黄色的花朵

阿尔卑斯山温室

展示各种可爱的高山植物。植物材料小巧精致，设计师将植物种植区抬高，使小巧的植物材料在视线下方20厘米左右的位置，使人稍微低头便可近距离观赏并不常见的高山植物。

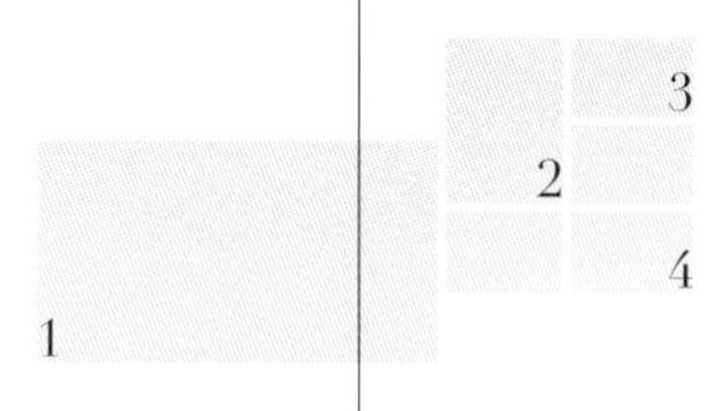

1. 阳光下温室内丰富的高山植物
2. 岩石花园从阿尔卑斯山温室一直到高山草甸区，展示各种岩石和植物的组合
3. 各种植物组合下的墙体
4. 历经百年的风雨与呵护的岩石花园

岩石花园

建于1910—1912年之间，展示了各种各样的岩石植物，这些植物有的沿着山体的岩石生长，有的则在池塘边侧卧，还有很多矮小的针叶树和鸡爪槭。设计师将岩石、花草、溪流融合在一起，呈现出让人惊艳的岩石花园，模拟自然又高于自然。

春季的威斯利花园是一场杜鹃花的盛宴，各种品种的杜鹃花争相开放，草地边、林地里、谷地里各种组合和群落搭配，让人目不暇接。紫藤在这里也得到极佳的展示效果，墙垣边、木桥边、廊架上各种紫藤形成一幅美丽而富有浪漫主义文艺思潮的英国水彩风景画。

夏季威斯利花园进入最佳观赏期，混播的植物竭尽所能地打造出花园丰富的色彩、形态、高矮以及整体呈现的质感。边界的顶端是仿佛蜡笔勾画出的冷色调，种植了诸多的多年生花卉，如福禄考、小白菊、朝鲜蓟、腹水草等等。渐变到暖色调的部分则可以看到如老鹳草、堆心菊、千屈菜和抱茎蓼，还有柔软的多年生植物。

1	2
3	4

1. 边界花园，以格子布局种植的常绿和半常绿矮灌木及地被植物
2. 沿途欣赏，能看到园艺师是如何用植物调配不同的颜色
3. 绿篱成为这些花境的背景，以阶梯式层层布置
4. 定期更换不同的造型主题

1
2

1. 可以很容易地启发你，为自己的花园栽种设计找到合适的创意与借鉴
2. 围墙花园遇见了各色的玫瑰、蔷薇和月季，完美地搭配成为亮丽的风景线

秋季，高大的色叶乔木早已落英缤纷，因为英国气候条件原因，叶色季相特别明显和艳丽。此外，观花植物还在此起彼伏的开放着，而禾本科的观赏草此时正值抽穗的季节，挺拔秀丽的身影与轻柔如羽毛状的秋穗是临近严冬的一道美景。

无论是否懂得园艺，在这里为潺潺溪水所围绕，又有鲜花与小鸟相伴，无论男女老少，都可以找到融于自然的感觉。英国风景园的视觉美感由古典的理性向现代的感性转变，如果说在这里建筑代表着古典和理性，那么点缀在它四周的植物和雕塑就代表着现代以及感性。

1. 每年的家庭园艺展
2. 这是一个民族爱花、爱自然、爱园艺的真情流露，小小的心灵播下大自然的种子
3. 园艺中心，在这里你可以为你家的花园挑选合适的有趣的园艺品种
4. 花园里的便民设施也是充满艺术感

RHS
GARDEN
Wisley

威斯利花园作为皇家园艺学会的旗舰花园起着引领与示范作用。

（1）激发兴趣：一年四季举行各种活动，让专业人士与游客们从中找到园艺的乐趣与灵感——它充分强调不论游客的兴趣与参观季节，都可以从园中充分体验到地道的英式园艺之美与趣味，体会生活与园艺的关联。

（2）花园展示：花境园、岩石园、杜鹃园、水园及各类展示花园吸引无数人来观摩与学习，传播着园艺花园与人类和谐发展的精神。

（3）实用性：如果说皇家邱园是以植物收集和分类这样的科学研究而著名，在园艺设计、品种展示、花园视觉呈现方面，威斯丽花园则更胜一筹。作为一名专业人士或花园爱好者，你可以不去邱园，但你不能不去威斯利花园。

RHS Garden Harlow Carr

哈洛卡尔花园

这是一个每个季节都让人心旷神怡的花园

这里是约克郡乡村的一个闪亮部分

1946 年，自原花园主人亨利 · 赖特（Henry Wright）购买

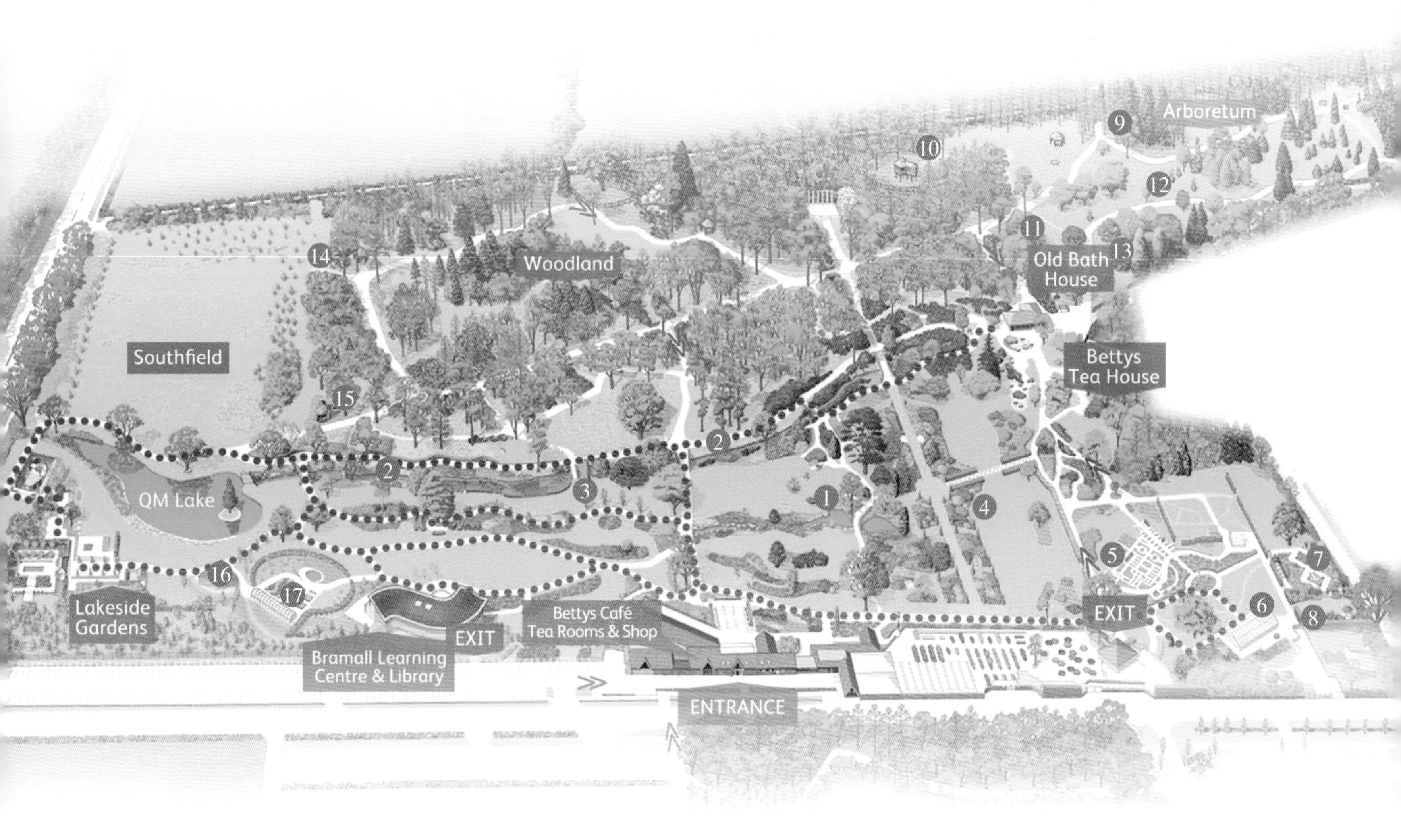

1 沙岩花园
2 滨河步道
3 冬日步道
4 混合花境园
5 厨房花园
6 高山植物温室
7 芳香花园
8 绿篱花园
9 鸟类躲避林
10 树屋
11 儿童活动区
12 野花草甸
13 养蜂场
14 贝蒂斯生命树项目
15 原木活动区域
16 鬼屋
17 教学花园

哈洛卡尔花园是英国皇家园艺学会经营的公共花园之一，坐落于约克郡的山谷中，占地68英亩（约27.5公顷）。该花园是英国皇家园艺学会（RHS）的最新成员，是2001年由北方园艺学会与皇家园艺学会合并后，成为RHS经营管理范围的。这里早期是一个古老的皇家狩猎场，自原花园主人亨利·赖特（Henry Wright）1946年购买以后，一直是北方园艺学会的试验场地和展示花园。

1. 坐落于山谷中的哈洛卡尔花园
2. 花园低调的入口
3. 入口进去后豁然开朗
4. 溪流边的湿生植物，让 7 月的夏季也色彩缤纷

花园坐落在壮丽树木繁茂的山谷中，是约克郡乡村的一部分，花园拥有约克郡乡村的特色，包括水景，干石墙和树木繁茂的区域，以及各种各样的植物群落。亮点包括色彩斑斓的草本边界、野花草甸、高山地带以及林地和溪边散步。

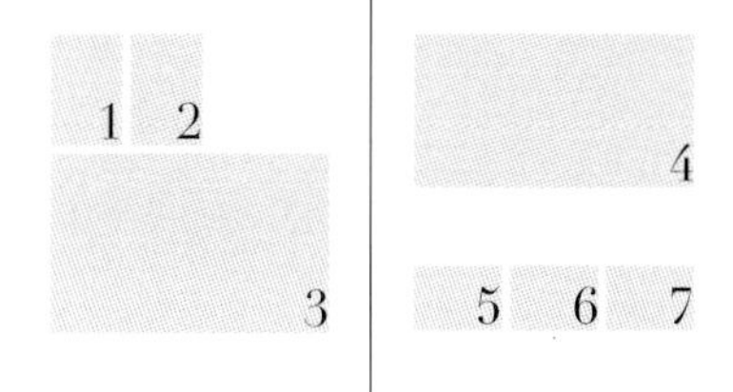

1. 小花园里安静的秋千
2. 隐藏在林中的现代小花园
3. 厨房花园，RHS 花园都有悠久的水果和蔬菜种植历史
4. 鸟瞰王太后湖
5. 王太后湖和远处的林中小屋
6. 展示的创意小花园
7. 干净整齐的花园工具房

自从与皇家园艺学会合并后，花园有了新的变化，包括创建蒙塔古-伯顿教学花园和冬季花园。“主边界”经过了重新设计，“一年生草地”以柳树编织的雕塑为主题。林地已经重生，包括一个杜鹃花林，并新增了球茎类开花植物。新建的布拉莫尔学习中心（Bramall Learning Centre）是英国最环保的建筑之一，这些令人欣喜的变化，都让这座花园焕发新的生机。

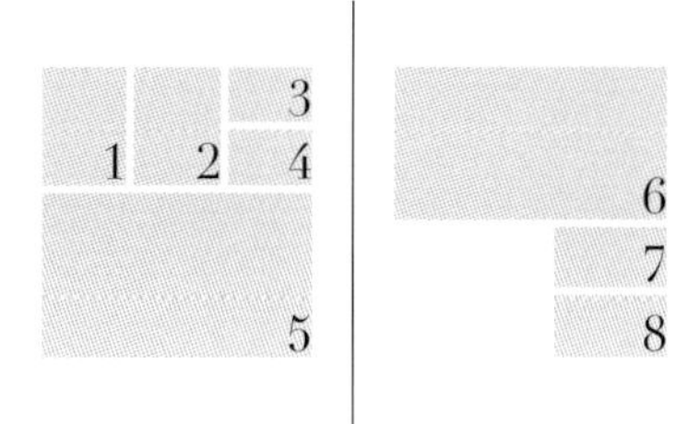

1. “嘎嘎”树屋
2. 质朴的儿童活动区
3. 柳条编制的大型动物雕塑
4. 返璞归真的“勇敢者之路”
5. 落叶树不仅有优美的林冠线，夏季舒爽宜人，冬季让阳光洒落
6. 高山之家玻璃温室
7. 特意为这些耐旱植物营造的垒石墙
8. 石缝中生命的力量

此外，花园还提供创意种植和实用的想法，创新的设计激发起园艺爱好者的灵感，跨越了各个年龄层，鼓励游客把花园灵感应用于自己的花园中。

1. 英国的夏天，孩子在童话部落森林里上下穿梭，大人则漫步在花园，在树荫下发呆
2. 观赏草本边界
3. 红的透亮的黄栌作为花境的背景
4. 鼠尾草、美国薄荷花境

哈洛卡尔花园的园艺师杰佛瑞和凯莉告诉我，社会发展决定了人的行为，而人的行为决定了从心灵出发的需求，这个花园的布局充分体现了这一点，设计中考虑了许多引爆点：如充满活力的森林部落吸引了大人与孩子在此进行富有童趣的活动；如宏大的厨房花园引来了无数游客前来驻足；如教学花园则带来了学生们的栽培乐趣；如水溪花园引来画家的停留作画；如蜜源花园则让芳香扑鼻，溢美无比；如触摸花园将高科技引入人与自然的互动，7个富有创造性的花园光大哈洛卡尔花园的园艺事业，并展现着生活的美好。更意味深长的是仅有6家店的咖啡厅Bettys 是伊丽莎白女王曾经下午茶的地方。

可见由22位皇家园艺师管理的这个花园充满了人们的期待和乐趣，不仅仅是花园本身展现出的美，更在于用园艺疗法来统领人的行为，你可以静静在湖边发呆，你也可以和下午茶中挥洒，当然走入森林、走入花园、走入花道、走入水边享受下人生也是一样的惬意和浪漫，情怀与快乐，在与花草凝眸之间得到无与伦比的幸福人生的荡涤，是心灵与脚步归宿的地方。这里是花园，是学园，也是人类与自然互相尊重的乐园。

RHS Garden Hyde Hall

海德霍尔花园

花园坐落在连绵起伏的丘陵之中

享有美妙的山地花境园、规整花境园和草境园等

让花园恢复昔日的乡村荣耀

管理者：罗宾逊夫人（Mrs. Robinson）

1 桦树林
2 冬日花园
3 千禧大道
4 三叶草山边界
5 湖
6 热带植物园
7 上游水库
8 草本花境园
9 玫瑰花园
10 玫瑰步道
11 菜园
12 下游水池
13 绿岛
14 蔷薇花灌木
15 金色边界
16 林地花园
17 蜂箱
18 天空草地
19 农舍花园
20 罗宾逊花园
21 学习花园
22 太后花园
23 澳大利亚和新西兰花园
24 前往林地步道和野林
25 现代乡村花园
26 别墅花园

1. 游客中心展示的万圣节前大南瓜装饰
2. 一侧已然深秋的模样，一侧还宛若夏天
3. 座椅面对无限风景
4. 如何充分利用自然条件，建造无与伦比的花园

作为英国皇家园艺学会经营的公共花园之一的海德霍尔花园，是英格兰东部最好的花园之一，它位于连绵起伏的丘陵之中，享有美妙的全景，经常让各国游客感到惊喜。

几个世纪以来，海德霍尔一直是一个农场，房子周围的地方是各种垃圾的倾倒场。直到罗宾逊夫人开始整理花园，她在房子附近创建了一个草本植物的边界和一个菜园， 并种植了60棵小树建立了菜园的框架。用动物的粪便和树皮改善原本黏稠、恶劣的土壤，因为土壤充足的养分，海德霍尔花园的植物一直长势良好，并充满活力。在垃圾场上建立起的花园，成为这个乡村了不起的荣耀。

1. 花园与自然无缝衔接，远处是连绵的丘陵和茂密的森林
2. 色彩丰盈了一整个秋天
3. 座椅镶嵌在绿篱中讲述历史的痕迹
4. 和石头的自然组合

海德霍尔花园于1993年交由皇家园艺学会负责管理，之后花园进行了不断地改变，比如建造了一个水库，为花园提供所有的灌溉需求。为了进一步推广节水理念，增加了地中海风格的干燥花园，以展示一系列耐旱植物。

如今，这个占地 360 英亩（约145 公顷）的花园不断发展，英国皇家园艺学会的园艺团队努力维护各种园艺品种和花境植物，它们以各种各样的形式出现，如草境园、山地花境园、带状山地花境园等，正是这种打造和维护让花园呈现出不同的特色，并始终保持对大众的亲和力。整个花园处处呈现出一种随意、放松的风格，蜿蜒的小径和蔓生的玫瑰随处可见。

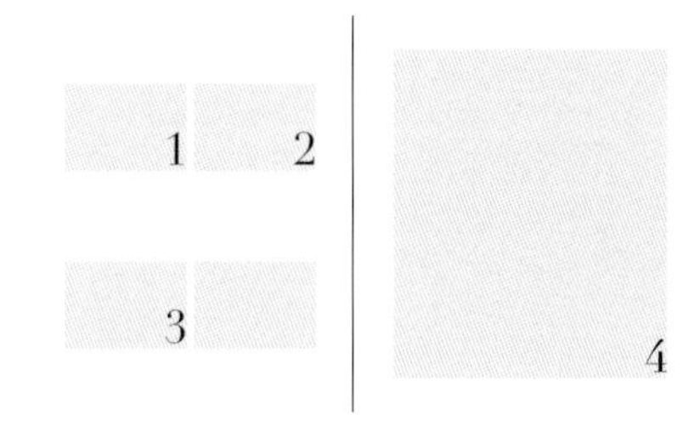

1. 池塘倒映着岸边的秋色
2. 对称中又有变化
3. 花境中的座椅
4. 花境色彩和质感进行对比和协调

海德霍尔花园的花境让人称奇的是不仅仅能看到每一株植物都展现出期望的色彩。或者是灿烂的金黄，或是绚丽的酒红，或是纯白色，又或是唯美的紫色，同时也令人惊讶于它们搭配在一起如调色板般和谐美妙，这种灵感和技巧的绝妙组合让人惊叹。

1 2
3
4

1. 序列和变化之间的韵律感
2. 清新平整的草地成为秋色花园最美的背景
3. 沉醉在这片秋色之中
4. 一张石凳就是焦点

RHS
GARDEN
Hyde Hall

园艺策展人罗伯特·布雷特先生这样评价海德霍尔花园：“在春雨和初夏的温暖下，花园充满了生机。各种百合科的植物和鸢尾花在花园中竞相绽放，蕨类植物茂盛的叶子展开，蜗牛在叶子下慢慢地爬着……”

如此优美的宛若一首诗歌般的句子，描述了海德霍尔花园初夏的场景，这仅仅只是一年中的一个季节。

的确，英国盛产精致园艺，这要感谢这些热爱花园的人共同的维护与守护。正是这样的执着和热爱，在平凡甚至贫瘠的土地上绽放出绝美的花朵。

参考文献

1. 陈俊愉, 程绪珂. 中国花经[M]. 上海: 上海文化出版社, 1990.
2. 针之谷钟吉. 西方造园变迁史: 从伊甸园到天然公园[M]. 邹洪灿, 译. 北京: 电子工业出版社, 1991.
3. 倪琪. 西方园林与环境[M]. 杭州: 浙江科学技术出版社, 2000.
4. 郦芷若, 朱建宁. 西方园林[M]. 郑州: 河南科学技术出版社, 2001.
5. 朱建宁. 情感的自然: 英国传统园林艺术[M]. 昆明: 云南大学出版社, 2001.
6. 周武忠. 寻求伊甸园——中西古典园林艺术比较[M]. 南京: 东南大学出版社, 2001.
7. 帕特里克・泰勒. 英国园林[M]. 高亦珂, 译. 北京: 中国建筑工业出版社, 2003.
8. 彭军, 朱小平, 张品. 英国建筑景观[M]. 北京: 中国水利水电出版社, 2007.
9. 贝思出版有限公司. 英国景观[M]. 武汉: 华中科技大学出版社, 2008.
10. 英国DK公司. 英国目击者旅游指南[M]. 北京: 中国旅游出版社, 2008.
11. 胡家峦. 文艺复兴时期英国诗歌与园林传统[M]. 北京: 北京大学出版社, 2008.
12. 夏宜平. 园林花境景观设计[M]. 北京: 化学工业出版社, 2009.
13. 胡佳. 英国古典风景园[M]. 天津: 天津大学出版社, 2011.
14. 施奠东, 刘延捷. 世界名园胜境1: 英国 爱尔兰 [M]. 杭州: 浙江摄影出版社, 2014.
15. 汤姆・特纳. 英国园林: 历史、哲学与设计[M]. 程玺, 译. 北京: 电子工业出版社, 2015.
16. 杰夫・霍奇. 英国皇家园艺学会植物学指南[M]. 何毅, 译. 重庆: 重庆大学出版社, 2016.
17. 林小峰. 中外园林景观品鉴[M]. 北京: 中国林业出版社, 2017.
18. 尹豪, 贾茹. 英国现代园林[M]. 北京: 中国建筑工业出版社, 2017.
19. 乔治・路易・拉鲁日. 世界园林图鉴: 英中式园林[M]. 王铁, 译. 南京: 江苏凤凰科学技术出版社, 2018.

20. 安布拉・爱德华兹. 英伦花园的前世今生[M]. 王俊逸, 译. 武汉: 华中科技大学出版社, 2019.
21. 麦迪逊・考克斯, 托比・马斯格雷夫. 园丁的花园——世界花园巡礼[M]. 郑杰 肉蒲星球植物工作室, 译. 北京: 北京美术摄影出版社, 2019.
22. WILLIAM ROBINSON. The English Flower Garden[M]. London: Sagapress, Incorporated, 1989.
23. JOHN BROOKES. The Complete Gardener[M]. New York: Crescent Books, 1994.
24. TOM TURNER. City as Landscape: A Post Postmodern View of Design and Planning[M]. New York: Taylor & Francis Ltd, 1995.
25. ROBIN WILLIAMS. The Garden Designer[M]. London: Frances Lincoln, 1995.
26. RUDY J FAVRETTI. Joy Putman Favretti, Landscapes and Gardens for Historic Buildings[M]. Washington: Rowman & Littlefield Pub Inc, 1995.
27. ROBIN WILLIAMS. The Royal Horticultural Society, Garden Planning[M]. London: Mitchell Beazley, 1999.
28. GABRIELLE ZUYLEN. Marina Schinz, The Gardens of Russell Page[M]. London: Frances Lincoln, 2008.
29. NANCY D'OENCH. Bonny Martin, Gardens Private & Personal: A Garden Club of America Book[M]. New York: Abrams, 2008.
30. ROBIN WILLIAMS. RHS Garden Design Work Book & Album (Royal Horticultural Society)[M]. London: Frances Lincoln, 2008.
31. RICHARD SNEESBY, ANDREW WILSON, PAUL WILLIAMS, et al. Garden Design[M]. London: Dorling Kindersley Publishers Ltd, 2009.
32. GEOFF HODGE. RHS Botany for Gardeners: The Art and Science of Gardening[M]. London: Mitchell Beazley, 2013.
33. MADISON COX, RUTH CHIVERS, TOBY MUSGRAVE, et al. The Gardener's Garden[M]. Vienna: Phaidon Press Ltd, 2014.
34. WILLIAM ROBINSON. The English Flower Garden and Home Grounds[M]. London: John Murray, 2015.
35. KRISTINA TAYLOR. Women Garden Designers[M]. London: Antique Collectors Club, 2015.

后记

自2008年第一次赴英国考察园林，至今已赴英16次，带着上百个英国花园的记忆和近50万张照片影像，2017年开始动笔撰写《我眼中的英国花园》这本书，5年时间方得始终。在后记中，我不想再以严谨的方式阐述英国花园的造园理念和形成过程，更想说一说我的感受。

赴英16次期间，我参观了3次切尔西花展、一次汉普顿宫花展，参观了各种类型的几百个花园，本书记录并展示的花园有70个，还有数十个花园因篇幅有限，而无法一一赘述，然而这在英国的花园版图上也只是很小的一部分。没有详细数据说明英国43个郡中究竟有多少个花园。它们有的在城市里，有的在乡村古堡中，有的面朝大海，有的面向柔和广袤的英国乡村田园，有的在云深不知处的悠悠山谷。它们或气质高冷，或田园自然，或气势磅礴，或温馨祥和，每一个花园都讲述着只属于自己的故事，每一个花园都拥有自己的独特个性。我用专业与抒情的文字描述、用相机镜头记录，把这些花园的美和故事展现给热爱花园、热爱生活的人。

这些英国花园其实都拥有教科书般的设计思想，精湛的造园工艺和百年如一日的代代相传的精心维护，它们有的从诞生起就闻名遐迩，至今不负荣光；有的家族式的传承，经历了几代人，仍熠熠生辉；有的几经波折转手给了不同的主人，仍被精心对待。这些日积月累、尽善尽美地对待园林、对待花园的态度，来自他们真心的热爱。因此在高度专业化的英国花园里，我感受到的是人性化的关怀和温暖，是主人与花园的心神合一。

2017年至今，5年时间完成了这本书，我的内心充满感激。首先我衷心地感谢中国工程院院士、德国工程科学院院士、瑞典皇家工程科学院院士吴志强先生，5年来一直关心本书的编写，并为本书题序；感谢全国工程勘察设计大师、住建部风景园林专家委员会委员、上海市园林设计研究总院有限公司名誉董事长朱祥明先生，他不仅非常关心本书的编写过程，还亲自为本书作序并提出修改意见；感谢《中国园林》杂志社社长金荷仙女士，辰山植物园执行园长胡永红先生对本书给予的关心。其次我要感谢团队的缪宇女士、江一颐先生、周凯丰先生、蒋冬梅女士、任溪晨女士、黎寅秋先生、夏玲玲女士、高文珏女士，他们帮助我进行大量照片和资料整理工作。同时，我衷心感谢这本书的责任编辑孙瑶女士，在本书的策划和编辑过程中，一直得到她的支持。我还要衷心感谢我的妻子王瑛女士，她一直鼓励我、支持我，并在写作过程中，给予我很多的帮助。最后，感谢您的阅读。

2022年8月22日

图书在版编目（CIP）数据

我眼中的英国花园. 上 / 虞金龙著. -- 北京 : 中国林业出版社, 2022.12

ISBN 978-7-5219-1835-9

Ⅰ. ①我… Ⅱ. ①虞… Ⅲ. ①园林艺术—研究—英国 Ⅳ. ①TU986.656.1

中国版本图书馆CIP数据核字（2022）第157259号

策划编辑：孙瑶

责任编辑：孙瑶

装帧设计：刘临川　张丽

出版发行：中国林业出版社

（100009，北京市西城区刘海胡同7号，电话83143629）

电子邮箱：cfphzbs@163.com

网址：www.forestry.gov.cn/lycb.html

印刷：北京雅昌艺术印刷有限公司

版次：2022年12月第1版

印次：2022年12月第1次

开本：787mm×1092mm　1/12

印张：36.67

字数：394千字

定价：278.00元